BestMasters

Mit „BestMasters" zeichnet Springer die besten Masterarbeiten aus, die an renommierten Hochschulen in Deutschland, Österreich und der Schweiz entstanden sind. Die mit Höchstnote ausgezeichneten Arbeiten wurden durch Gutachter zur Veröffentlichung empfohlen und behandeln aktuelle Themen aus unterschiedlichen Fachgebieten der Naturwissenschaften, Psychologie, Technik und Wirtschaftswissenschaften.

Die Reihe wendet sich an Praktiker und Wissenschaftler gleichermaßen und soll insbesondere auch Nachwuchswissenschaftlern Orientierung geben.

Christoph Schlepphorst

Ruthenium-NHC-katalysierte asymmetrische Arenhydrierung

Entwicklung neuer effektiver homogener Hydrierkatalysatoren

Mit einem Geleitwort von Prof. Dr. Frank Glorius

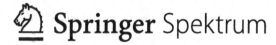 Springer Spektrum

Christoph Schlepphorst
Münster, Deutschland

BestMasters
ISBN 978-3-658-08966-5   ISBN 978-3-658-08967-2 (eBook)
DOI 10.1007/978-3-658-08967-2

Die Deutsche Nationalbibliothek verzeichnet diese Publikation in der Deutschen Nationalbi-
bliografie; detaillierte bibliografische Daten sind im Internet über http://dnb.d-nb.de abrufbar.

Springer Spektrum

Gedruckt auf säurefreiem und chlorfrei gebleichtem Papier

Springer Fachmedien Wiesbaden ist Teil der Fachverlagsgruppe Springer Science+Business Media
(www.springer.com)

Geleitwort

Herr Christoph Schlepphorst hat seine Masterarbeit zum Thema „Synthese neuartiger chiraler N-heterocyclischer Carbene und deren Anwendung als Liganden für Ru-katalysierte asymmetrische Hydrierungsreaktionen" erfolgreich in meiner Arbeitsgruppe durchgeführt.

Herr Schlepphorst ist einer der besten Studierenden seines Semesters (Bachelor 1.5) und legt auch hier eine wirklich herausragende, wissenschaftlich bedeutende Arbeit vor! Vor drei Jahren konnten wir erfolgreich ein neues Ru-NHC-System als Katalysator für herausfordernde asymmetrische Aromatenhydrierung entwickeln, welches wir in der Zwischenzeit in der asymmetrischen Hydrierung zahlreicher Substrate (Benzofurane, Furane, Benzothiophene, Thiophene, Chinoxaline...) anwenden konnten. Leider gelang es bisher nicht, die Ligandenstruktur erfolgreich zu variieren. Ziel der Arbeit von Herrn Schlepphorst war daher die Synthese verschiedener unsymmetrischer NHC-Liganden und die Untersuchung ihrer Eignung in der asymmetrischen Aromatenhydrierung.

Gekonnt führt Herr Schlepphorst zunächst in Eigenschaften und Synthese von N-heterocyclischen Carbenen (NHCs) ein, gefolgt von der Darstellung des wissenschaftlichen Standes des Gebiets der asymmetrischen Aromatenhydrierung.

Das von uns ursprünglich entwickelte Erfolgs-NHC-system ist C2-symmetrisch und abgeleitet von zwei Naphthylethylamin-Einheiten. Es liegt eine Kristallstrukturanalyse des Ru-Komplexes mit zwei dieser NHCs vor. Aus der Analyse dieser Struktur schloss Herr Schlepphorst, dass ein unsymmetrischer Ligand, der nur eine Naphthylethylamin-Einheit beibehält und den anderen Substituten variiert eine gute Platform für explorative Ligandenvariation sein könnte. Zunächst einmal musste hierfür die Synthese ausgearbeitet werden. Herrn Schlepphorst gelang die Synthese dreier NHCs (**14a-c**), mit tert-Butyl-ethyl-amin-abgeleiteter Einheit (**a,b**) und mit Adamantyl-amin-abgeleiteter Einheit (**c**). Bei den Systemen **14a** und **14b** handelt es sich interessanterweise um Diastereomere!

Mit diesen Liganden in Händen testete Herr Schlepphorst verschiedene Hydrierreaktionen. In der herausfordernden Hydrierung von Phenylpyrazin erzielte 14b sehr gute Ergebnisse (Schema 20). Ich glaube, dass Herr Schlepphorst hier ein sehr wertvolles Designelement identifiziert hat, mit dem wir in naher Zukunft verbesserte Katalysatoren herstellen können.

Der praktische Teil und die Charakterisierung sind sorgfältig verfasst. Insgesamt zeichnet sich die Arbeit von Herrn Schlepphorst durch ein hohes Maß an Unabhängigkeit, Sorgfalt und Qualität aus. Ich bin sehr zufrieden!

Frank Glorius

Danksagung

Zunächst möchte ich mich bei Prof. Dr. Frank Glorius für die interessante und herausfordernde Themenstellung, seine Unterstützung und Motivation sowie das in mich gesetzte Vertrauen bedanken. Prof. Dr. Armido Studer danke ich für seine Bereitschaft das Zweitgutachten zu übernehmen. Den Mitarbeitern der zentralen Serviceabteilung danke ich für die Durchführung sowie bereitwillig erteilte fachkundige Hilfe.

Ein besonderer Dank gilt dem gesamten Arbeitskreis Glorius, für eine immer gute Arbeitsatmosphäre, praktische und theoretische Hilfe und Unterstützung sowie konstruktive Kritik an meiner Arbeit. Im Speziellen möchte ich an dieser Stelle Daniel Paul und Jędrzej Wysocki nennen, die mir mit ihrer großen Hilfsbereitschaft maßgeblich geholfen haben und mit denen zu arbeiten immer eine Freude war.

Jonas Börgel und Daniel Paul danke ich für die Hilfe beim Korrekturlesen dieser Arbeit. Ohne die Unterstützung meiner Familie hätte ich diese Arbeit vermutlich gar nicht erstellen können, vielen Dank für alles.

Mein größter Dank gilt meiner Frau Sandra, für einen ganz anderen Blick auf meine Arbeit, das Interesse und die Begeisterung dafür, die mich immer motivieren konnten. Danke für das gemeinsame Beschreiten dieses Weges, und allen die noch kommen werden.

Inhaltsverzeichnis

Abbildungsverzeichnis

Tabellenverzeichnis

1 Einleitung

1.1 Carbene

Als Carben bezeichnet man Verbindungen eines divalenten Kohlenstoffatoms mit Elektronensextett. Daraus resultiert ein freies Elektronenpaar am Kohlenstoffatom, dessen Elektronen sich je nach Konfiguration im selben oder in unterschiedlichen Orbitalen befinden können. Die Bindungsumgebung des Carbenkohlenstoffes kann entweder linear oder gewinkelt sein, je nach Grad der Hybridisierung. Ein Bindungswinkel von 180° entspräche einem sp-hybridisierten Kohlenstoffatom mit zwei nichtbindenden p-Orbitalen, kleinere Bindungswinkel deuten auf zunehmende sp^2-Hybridisierung des Carbenzentrums hin. Hier ist die Entartung der nichtbindenden Orbitale aufgehoben und man spricht typischerweise von einem p_π-Orbital, welches seinen p-Charakter beibehält, und einem σ-Orbital, welches teilweise s-Charakter annimmt (Abbildung 1).[1]

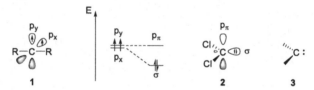

Abbildung 1: Triplettcarben **1**, Singulettcarben Dichlorcarben **2** und allgemeine Lewisformel eines Carbens sowie zugehöriges Grenzorbitalschema.

Liegen die Elektronen ungepaart vor spricht man aufgrund der Spinmultiplizität von Triplettcarbenen. Diese sind extrem reaktiv und treten häufig nur als Intermediate auf (Abbildung 1, **1**). Triplettcarbene werden als Diradikale beschrieben und isolierbare Vertreter dieser Klasse sind nur durch kinetische Kontrolle anhand großer Substituenten zugänglich.[2] Die Multiplizität der Carbene im Grundzustand ist eine wichtige Eigenschaft, die nicht nur deren Geometrie sondern vor allem ihre Reaktivität bestimmt. Während beispielsweise Triplettcarbene aufgrund ihres diradikalischen Charakters schrittweise radikalische Reaktionen eingehen, können Singulettcarbene in einem einzigen konzertierten Schritt reagieren. Die meisten bekannten Carbene sind Singulettcarbene (Abbildung 1, **2**), deren nichtbindende Elektronen gemeinsam das σ-Orbital besetzen und einen antiparallelen Spin besitzen. Ist die energetische Aufspaltung zwischen σ- und p_π-Orbital größer als etwa 2 eV, so ist der Singulettgrundzustand energetisch bevorzugt.[3] In Analogie zur

Ligandenfeldtheorie kann diese Energie als Spinpaarungsenergie betrachtet werden, die aufgewendet werden muss. Singulettcarbene besitzen aufgrund ihrer elektronischen Konfiguration sowohl elektrophilen als auch nucleophilen Charakter, was zu vielfältigen Anwendungen vor allem in der Organokatalyse und Übergangsmetallchemie, in jüngerer Zeit aber auch Oberflächenmodifikation und Stabilisierung von p-Blockelementen geführt hat, deren Bandbreite rasant zunimmt.[4–6] Die außerordentliche Stabilität vieler bekannter Singulettcarbene gegenüber Triplettcarbenen beruht auf Wechselwirkungen der π-Elektronen eines oder zweier Donorsubstituenten mit dem freien p_π-Orbital des Carbenzentrums (Abbildung 2A, +M-Effekt). Zusätzlich kann aufgrund von Elektronegativitätsdifferenz Elektronendichte aus dem nichtbindenden σ-Orbital des Carbenkohlenstoffes abgezogen werden, was zu einer leichten energetischen Absenkung dieses Orbitals führt (-I-Effekt).[7]

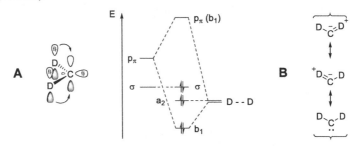

Abbildung 2: A: Stabilisierende Wechselwirkungen eines Singulettcarbens und qualitatives Molekülorbitalschema. D = Donor. **B**: Beschreibung eines donorsubstituierten Carbens durch mesomere Grenzstrukturen.

Diese Interaktion impliziert eine polarisierte vier Elektronen drei Zentren Bindung sowie partiellen Doppelbindungscharakter der C-D-Bindung(en), weswegen zwitterionische Grenzstrukturen zur Beschreibung herangezogen werden (Abbildung 2B). Die mittlerweile wohl bekanntesten und bestuntersuchten Singulettcarbene stellen die Gruppe der N-heterocyclischen Carbene dar.[6]

1.2 N-heterocyclische Carbene (NHCs)

1960 erstmals von Hans Werner Wanzlick postuliert,[8] gelang es tatsächlich erst dreißig Jahre später Anthony J. Arduengo das erste freie Carben zu isolieren und röntgenographisch zu charakterisieren (Schema 1).[9]

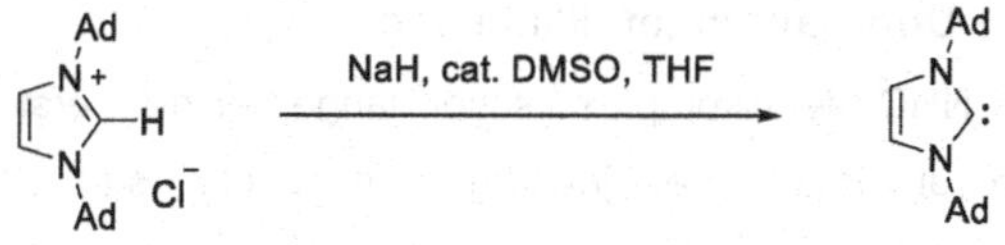

Schema 1. Darstellung des ersten stabilen NHC durch Arduengo.

Durch den Einbau des Carbenkohlenstoffes in einen Heterocyclus, und die Aromatizität in Strukturen wie IAd **5**, entstehen stabile Verbindungen, deren Isolierung und Charakterisierung in den letzten Jahrzehnten ein breites Forschungs-feld eröffnet haben. Die am häufigsten verwendeten NHCs sind in Abbildung 3 dargestellt.

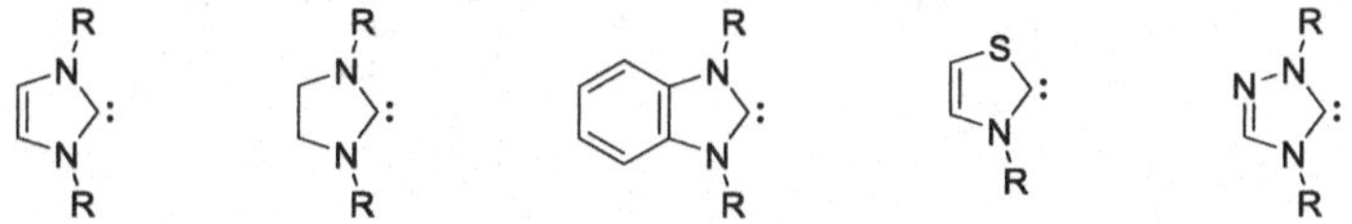

Abbildung 3: Strukturen geläufiger NHCs.

Neben den Imidazolin-2-ylidenen **6** sind heute auch Imidazolidin-2-ylidene **7**, deren Heterocyclus nicht aromatisch ist, leicht zugänglich. Wie bei den strukturell ähnlichen Benzimidazolin-2-ylidenen **8** besitzen diese ein symmetrisches Grundgerüst. Aber auch Thiazol- **9** und Triazol- **10** abgeleitete NHCs finden mittlerweile breite Anwendung. Neben den bereits diskutierten +M-Effekts zur Stabilisierung von Singulettcarbenen spielt bei den NHCs noch ein, wenn auch vergleichsweise weniger wichtiger, -I-Effekt eine Rolle. Durch die Wahl der Reste R (Abbildung 3) ist es weiterhin möglich eine kinetische Stabilisierung zu erreichen.

Durch den ausgeprägten mesomeren Effekt in NHCs und dem daraus resultierenden elektronenreichen Carbenkohlenstoff wird der nucleophile Charakter dieser Verbindungen erhöht. Diese Tatsache macht NHCs zu potenten Organokata-lysatoren in Umpolungsreaktionen[4] sowie zu exzellenten σ-Donorliganden, ähnlich den bereits zuvor gut untersuchten Phosphinen, in der Übergangsmetallkatalyse.[5]

1.3 NHCs in der Übergangsmetallkatalyse

Tatsächlich waren NHC-Metallkomplexe schon lange vor dem ersten freien Carben durch *in situ* Deprotonierung des jeweiligen Imidazoliumsalzes[10,11] oder durch Umsetzen eines geeigneten Übergangsmetallkomplexes mit Entraaminen[12] („Wanzlick-Dimere") zugänglich (Schema 2).

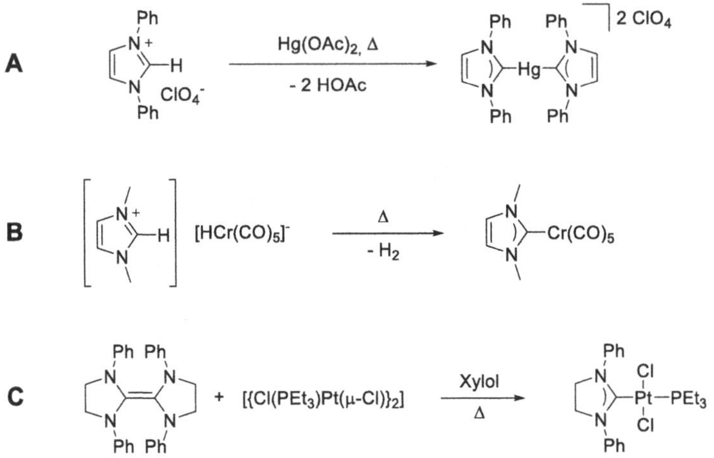

Schema 2. Darstellung der ersten Metall-NHC Komplexe durch **A**: Wanzlick, **B**: Öfele und **C**: Lappert.

Aufgrund der Neutralität und der starken σ-Donorfähigkeit liegt der Vergleich von NHCs als Liganden mit Phosphinen nahe. Die Hypothese, dass NHCs keine oder nur vernachlässigbar geringe Fähigkeit zu π-Rückbindung besitzen, wird allerdings durch immer mehr theoretische Studien sowie experimentelle Hinweise angezweifelt.[13–15] 1999 folgerten Nolan *et al.* aus ihren Untersuchungen: "*in general these ligands behave as better donors than the best phosphane donor ligands with the exception of the sterically demanding (adamantyl) carbene*".[16] Im Vergleich der elektronischen Eigenschaften von NHCs mit Phosphinen als Liganden erweist sich *Tolman's electronic parameter* (TEP), der eine Quantifizierung der Donorstärke eines Liganden erlaubt, als nützlich.[17] Dabei lässt die Streckschwingung von CO-Liganden in Komplexen der Form [LNi(CO)$_3$] und [LNi(CO)$_2$] Rückschlüsse auf die σ-Donorstärke des Liganden L zu. Für eine Quantifizierung des sterischen Anspruchs hat sich für Phosphine der *Tolman's cone angle* Θ etabliert, da diese gut durch einen Kegel, dessen Spitze das Metallatom darstellt, repräsentiert werden können.[17] Für NHCs hingegen ist diese Methode aufgrund der anderen Geometrie ungeeignet. Das von Nolan *et al.* eingeführte Konzept des *buried volume*, welches das vom Liganden eingenommene Volumen einer Kugel beschreibt, dessen Mitte das Metallatom darstellt, hat sich hier bewährt (Abbildung 4).[18]

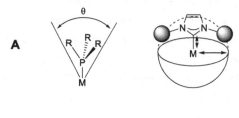

Ligand	%V_{Bur}	TEP (cm^{-1})
PPh$_3$	27	2068.9
PiPr$_3$	32	2059.2
PCy$_3$	32	2056.4
IMes	26	2050.7
IPr	28	2051.5
IAd	37	2049.5

Abbildung 4: A: Schematische Darstellung von *Tolman's cone angle* Θ und dem *buried volume* %V_{Bur}. **B:** Vergleich der sterischen und elektronischen Daten einiger ausgewählter Liganden. Kleinere Wellenzahlen beschreiben stärkere σ-Donorfähigkeit.[17–19]

Die außerordentlich große σ-Donorstärke der NHCs beeinflusst nicht nur die elektronischen Eigenschaften des Metalls, an das es gebunden ist, sondern führt auch zu besonders starken Metall-Ligand Bindungen, quantifiziert durch Bindungsdissoziationsenergien, Komplexbildungsenthalpien sowie die Lage des Ligandendissoziationsgleichgewichtes.[16] Dies verringert die Konzentration von sensitivem freiem NHC und kann dadurch die Stabilität des Metallkomplexes gegenüber Temperatur, Feuchtigkeit und Luft erhöhen.

Neben den genannten attraktiven Eigenschaften von NHCs als Liganden, bieten diese außerdem die Möglichkeit elektronische und sterische Beschaffenheit leicht und voneinander unabhängig anzupassen.[20] Die elektronischen Eigenschaften lassen sich über Substitution an der 3- und 4-Position beeinflussen, da die Substituenten direkt Einfluss auf den Heterocyclus nehmen.[21] Der sterische

Anspruch ist am einfachsten über die Stickstoffsubstituenten steuerbar, da diese in Richtung des Metalls zeigen.

1.4 Synthese von N-heterocyclischen Carbenen

Zur Generierung der freien Carbenspezies sind mehrere Methoden bekannt (Schema 3A). Wanzlick versuchte durch α-Eliminierung von Chloroform zum freien Carben zu gelangen, erhielt jedoch aufgrund der Wahl des falschen Substitutionsmusters nur Carbendimere.[8] Die Strategie der α-Eliminierung wurde jedoch von Enders et al. erfolgreich aufgegriffen, sie konnten durch Methanol-Eliminierung zu freien Carbenen gelangen.[22]

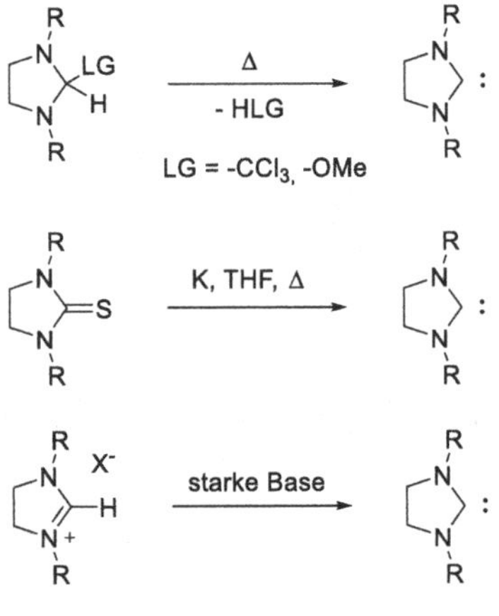

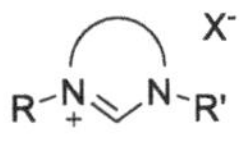

Schema 3. A: Generierung von NHCs durch thermische α-Eliminierung, reduktive Entschwefelung und Deprotonierung. B: Formamidiniumsalz 11 als wichtigster NHC-Vorläufer.

Kuhn et al. stellten 1993 eine Methode ausgehend von Thioharnstoffderivaten vor.[23] Dabei wird der Harnstoff mit stöchiometrischen Mengen Kalium in siedendem THF reduziert. Die heute am weitaus häufigsten verwendete Methode ist die Deprotonierung von Imidazoliumsalzen mit starken Basen, die bereits von Arduengo et al. bei der Darstellung des ersten freien Carbens (Schema 1) angewendet wurde.[9] Als Base dienen meist Natriummethanolat, Natriumhydrid oder Kalium-*tert*-butanolat, enthält das Imidazoliumsalz acide Substituenten, können sperrige Basen wie Kaliumhexamethyldisilazid (KHMDS) verwendet werden um eine selektive Deprotonierung zu gewährleisten.[24] Aufgrund der guten Anwendbarkeit der Deprotonierung zur Erzeugung freier Carbene stellen Salze des Typs **11** den wohl wichtigsten Carbenvorläufer dar und deren Synthese soll im Weiteren diskutiert werden. Aufgrund der Fülle von mittlerweile bekannten NHC-Strukturmotiven und unter Berücksichtigung der Relevanz in dieser Arbeit beschränkt sich dieses Kapitel auf die Synthese von Carbenvorläufern, denen ein cyclisches Formamidiniumgerüst zugrunde liegt (Schema 3B).

Ausgehend von Imidazol können durch nucleophile Substitution symmetrisch sowie unsymmetrisch *N,N'*-disubstituierte Imidazoliumsalze **12** dargestellt werden (Schema 4).[25]

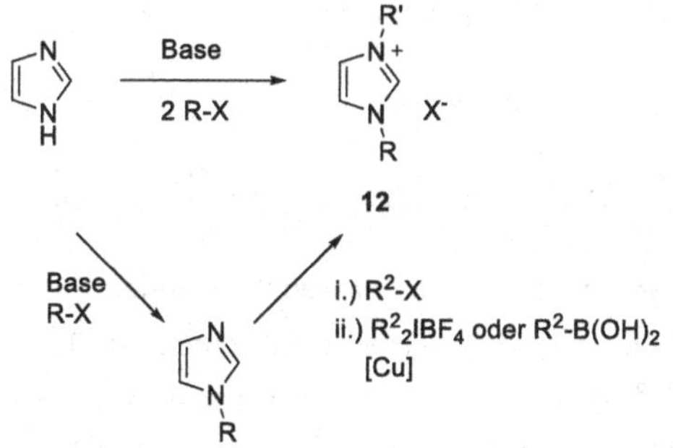

Schema 4. Synthese symmetrisch und unsymmetrisch *N,N'*-disubstituierter Imidazoliumsalze. X = Cl, Br, I.

Um unsymmetrische Imidazoliumsalze zu erhalten muss die Substitution schrittweise erfolgen, während symmetrisch substituierte Imidazoliumsalze über geeignete Eintopfverfahren erhältlich sind. Bedeutender Nachteil dieser Synthese ist die Limitierung der Substituenten auf meist primäre Alkylgruppen, da diese durch ausreichend nucleophile Halogenidspezies eingeführt werden müssen. Kürzlich berichteten Gao, You *et al.* über kupferkatalysierte Quaternisierungsreaktionen von Imidazolen mit Diaryliodoniumsalzen[26] oder Arylboronsäuren,[27] die die Einführung von Arylsubstituenten erlauben.

Die Entdeckung der Vielzahl unterschiedlicher formamidiniumbasierter NHCs wurde von einer Reihe neuer Synthesestrategien begleitet, die eine *de novo* Synthese des N-Heterocyclus beinhalten. Da der Ringschluss dabei grundsätzlich den letzten

Schritt darstellt bietet sich eine Unterteilung an, die auf der Art der zuletzt eingeführten Gruppe in das Molekül basiert (Abbildung 5):

1. Der Ringschluss erfolgt durch Einführung der präcarbenoiden Einheit.

2. Der Ringschluss erfolgt durch die Verknüpfung des Rückgrates mit den bereits zusammengesetzten präcarbenoiden und Aminoeinheiten.

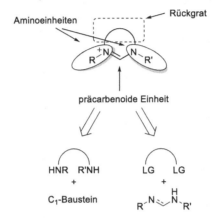

Abbildung 5: Schematische Unterscheidung der Bestandteile und retrosynthetische Analyse von formamidiniumbasierten NHC-Vorläufern. LG = Abgangsgruppe.

Der erste Syntheseweg geht dabei in der Regel von einem Diamin oder Diimin aus, welche das Rückgrat bilden, als C_1-Einheit dient zumeist ein Trialkylorthoformiat oder Paraformaldehyd.[28,29] Diese werden in Anwesenheit einer geeigneten Protonen- sowie Anionenquelle cyclisiert und liefern die entsprechenden Formamidiniumsalze **11** in Ausbeuten von meist über 90%. Weniger reaktive Systeme können häufig durch Zugabe einer starken Lewissäure, etwa $ZnCl_2$, cyclisiert werden.[30] Ringgröße, Stickstoff- sowie Rückgratsubstitution können über diese Synthese beinahe beliebig verändert werden, Abbildung 6 zeigt anhand einiger Beispiele eindrücklich die Breite der so erhältlichen NHC-Vorläufer. Während das chirale Imidazolidiniumsalz **13**[31] mit seinem fünfgliedrigen Heterocyclus noch stark an „klassische" Systeme erinnert, sind über entsprechende Diamine auch Tetrahydrodiazepiniumsalze wie **14**,[32] oder bicyclische Systeme wie **15**[33] zugänglich. Stahl *et al.* konnten erfolgreich das Konzept der axialen Chiralität auf NHCs übertragen, indem sie Diazepiniumsalze wie **16** synthetisierten.[34] Die Darstellung von zweifach benzannelierten Carbenvorläufern gelang in Form der Salze **17**,[35] und ebenso ist das Ferrocenophan abgeleitete Formamidiniumsalz **18** über die gleiche Cyclisierungsreaktion darstellbar.[36,37]

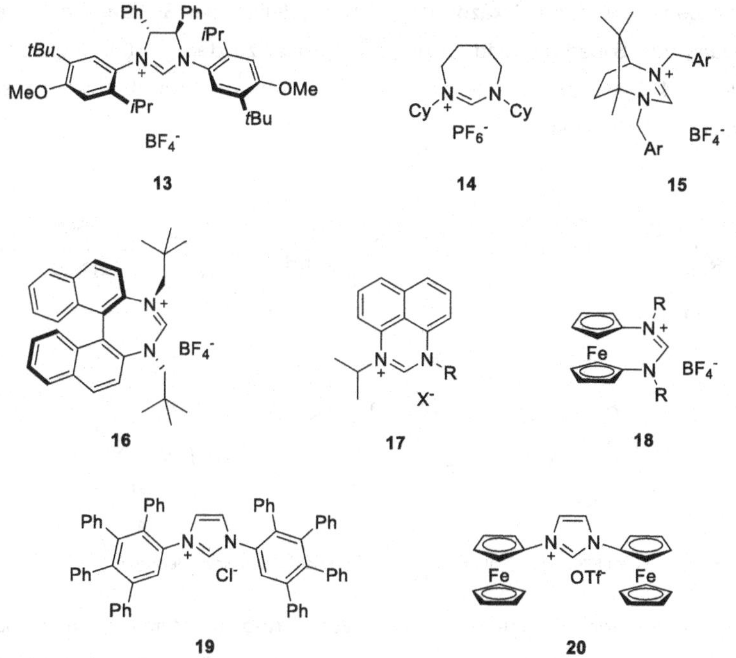

Abbildung 6: Beispiele einiger über die Cyclisierung von Diaminen mit Triethylorthoformiat erhältlicher Carbenvorläufer **13-18** sowie aus Diiminen gebildete Carbenvorläufer **19** und **20**.

Aus dem entsprechenden Diimin wurde beispielsweise das extrem sperrige Imidazoliumsalz **19** synthetisiert.[38] Hierbei wurde Chloromethylethylether als C_1-Baustein verwendet, der sich hervorragend für die Cyclisierung sterisch besonders anspruchsvoller Diimine eignet. Das redoxaktive *N,N'*-diferrocenylsubstituierte Imidazoliumsalz **20** wurde aus dem entsprechenden Diimin und Paraformaldehyd mit Hilfe von Zn(OTf)$_2$ erhalten.[39]

Neben Diaminen und Diiminen können auch andere Distickstoffverbindungen als rückgratbildende Einheit eingesetzt werden. Ein Beispiel ist die von Glorius *et al.* gefundene Synthese von Bisoxazolin abgeleiteten, sterisch besonders anspruchsvollen Imidazoliumsalzen IBiox·HOTf, wie in Schema 5 dargestellt.[40] Ausgehend von verschiedenen Aminoalkoholen **21** wurden nach Umsetzung mit Diethyloxalat Diamide der allgemeinen Form **22** erhalten. Chlorierung des Alkohols mit

Thionylchlorid und anschließende basenvermittelte Cyclisierung führte zu Bisoxazolinen **23**. Diese können mit den „klassischen" C_1-Bausteinen Trialkylorthoformiat oder Paraformaldehyd nicht cyclisiert werden, da unter den Reaktionsbedingungen Öffnung der Oxazolinringe beobachtet wurde. Stattdessen führte die Benutzung von Silbertriflat und Chloromethylpivalat zu den gewünschten Carbenvorläufern **24**. Diese sind vor allem aufgrund des Konzepts des „flexiblen sterischen Anspruchs" sehr interessant.[41]

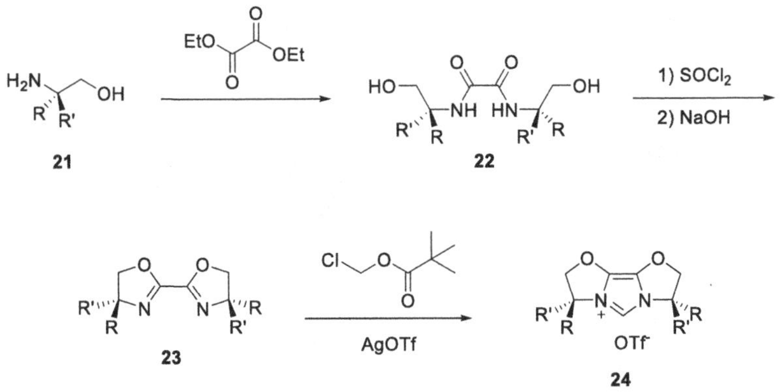

Abbildung 7: Synthese von IBiox·HOTf Salzen und einige Beispiele.

Die zweite generelle Syntheseroute geht von *N,N'*-disubstituierten Formamidinen aus, die mit Dielektrophilen cyclisiert werden. So sind beispielsweise Imidazoliumsalze über Glyoxal als Dielektrophil erreichbar (Schema 5A),[42] für die Synthese von Imidazolidiniumsalzen ist Dichlorethan ein geeignetes Reagens (Schema 5B).[43] Auch die Kombination aus Alkylierung und Kondensation ist möglich, etwa mit Bromacetaldehyddiethylacetal (Schema 5C).[44]

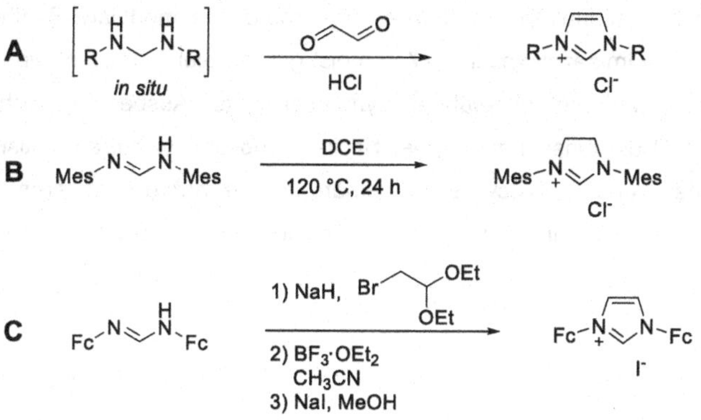

Schema 5. Cyclisierungsreaktionen ausgehend von *N,N'*-disubstituierten Formamidinen.

Die Synthese von *N,N'*-disubstituierten symmetrischen Imidazoliumsalzen durch Eintopfkondensation von Glyoxal, zwei Äquivalenten eines Amins und Formaldehyd in Anwesenheit von Salzsäure ist die von Arduengo 1991 patentierte Vorschrift. [42] Diese birgt allerdings den Nachteil, dass sie nicht selektiv zu unsymmetrischen Carbenvorläufern führt. Weiterhin ist sie weniger breit anwendbar als schrittweise durchgeführte Synthesen und schwer abtrennbare Verunreinigungen sind nicht selten. Kürzlich berichteten Mauduit *et al.* über eine Multikomponentenreaktion von Glyoxal, Formaldehyd und zwei verschiedenen Aminen, die unsymmetrisch *N,N'*-disubstituierte Imidazoliumsalze in einem Schritt zugänglich macht.[45]

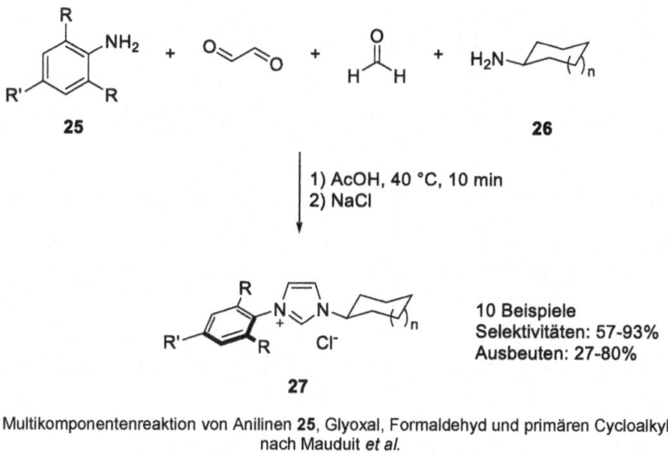

Schema 6. Multikomponentenreaktion von Anilinen **25**, Glyoxal, Formaldehyd und primären Cycloalkylaminen **26** nach Mauduit *et al.*

Die einfach und schnell durchführbare, skalierbare und modulare Synthese liefert unsymmetrische Imidazoliumsalze **27** in meist guten Selektivitäten sowie, verglichen mit vielen schrittweise durchgeführten Synthesen, guten Ausbeuten. Nachteil dieses Protokolls stellt die Einschränkung der Stickstoffsubstitution auf aromatische Amine auf der einen, und (poly-)cyclische primäre Amine auf der anderen Seite dar. Weiterhin lassen sich nur in C4 und C5 Position unsubstituierte Imidazoliumsalze generieren.

1.5 Hydrierung

Hydrierung bezeichnet die Additionsreaktion von Wasserstoff an einen Akzeptor. Als Wasserstoffquelle kann dabei, muss jedoch nicht, elementarer Wasserstoff dienen. Die Vorteile sind oftmals saubere, quantitativ ablaufende Reaktionen ohne Nebenprodukte, eine exzellente Atomökonomie, und mit H_2 ein besonders günstiges Reduktionsmittel.[46] Eine Vielzahl verschiedener Katalysatoren kann darüber hinaus oftmals hohe Toleranz gegenüber funktionellen Gruppen sicherstellen. Da elementarer Wasserstoff mit einer Dissoziationsenthalpie von 434 kJ·mol^{-1} zu stabil ist, um in Abwesenheit eines Katalysators mit organischen Molekülen zu reagieren hat sich schon früh die katalytische Hydrierung als wertvolle Synthesemethode entwickelt.[47,48] Dabei dominiert die heterogene Hydrierung,[49] bei der der Wasserstoff an Metalloberflächen aktiviert wird und die homogene Hydrierung,[50] bei der die Aktivierung durch homogene Metallkomplexe realisiert wird. Ein neueres und verglichen mit den oben genannten Bereichen wenig erforschtes Feld bildet die „übergangsmetallfreie Wasserstoffaktivierung", zu dem die Aktivierung von Wasserstoff mit frustrierten Lewis-Paaren (FLPs)[51,52] und Carbenen[53] gezählt werden kann.

Für die heterogene Hydrierung von ungesättigten Substraten wurde von Horiuti und Polanyi ein Mechanismus vorgeschlagen (Abbildung 8).[54]

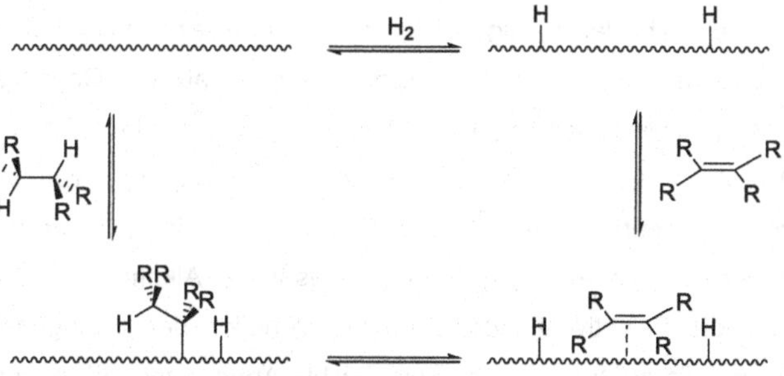

Abbildung 8: Horiuti-Polanyi-Mechanismus der heterogenen Alkenhydrierung. Die gewellte Linie stellt die Katalysatoroberfläche dar.

Dabei wird H_2 durch dissoziative Chemisorption aktiviert, das Substrat chemisorbiert ebenfalls und kann in eine Metall-Wasserstoffbindung insertieren. Hydrogenolytische Spaltung der Metall-Kohlenstoffbindung führt zur Desorption des hydrierten Produktes. Da der letzte Schritt in der Regel schnell und irreversibel erfolgt, führen heterogene Hydrierungen zu *syn*-Produkten.

Die homogene Hydrierung kann durch die Elementarschritte der oxidativen Addition, Substratassoziation, Substratinsertion in die M-H-Bindung und reduktive Eliminierung beschrieben werden (Abbildung 9).[55] Dabei kann die Assoziation des Substrats je nach System vor oder nach der oxidativen Addition von Wasserstoff erfolgen.

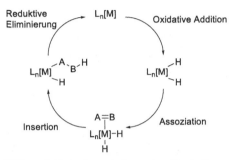

Abbildung 9: Mechanismus der homogenen Alkenhydrierung.

Die Bandbreite an Hydrierkatalysatoren ist sowohl auf heterogener als auch auf homogener Seite gewaltig. Die wichtigsten Vertreter der ersten Gruppe basieren auf den Metallen Nickel, Palladium, Platin, Rhodium und Ruthenium, aber auch Cobalt-, Kupfer-, Rhenium-, Osmium- und Iridium basierte Katalysatoren haben spezielle Anwendungen gefunden.[49] Neben dem Metall an sich spielt dessen Oxidationsstufe sowie das Trägermaterial (z.B. Aktivkohle, Alumina, Silica, Titania) eine wichtige Rolle. Durch die Wahl des richtigen Systems für ein bestimmtes Substrat können bemerkenswerte Selektivitäten erzielt werden. Der Einsatz von Cobaltkatalysatoren ermöglicht beispielsweise die selektive Hydrierung von Nitrilen und Aldoximen zu primären Aminen.[56] Mit Raney-Kupfer kann eine Nitrogruppe von substituierten Dinitrobenzolen hydriert werden,[57] und Osmium auf Kohle kann dazu genutzt werden α-β-ungesättigte Aldehyde in α-β-ungesättigte Alkohole zu Überführen.[58] Generell zählt die Selektivität jedoch zu den Vorteilen der homogenen Katalyse, während als Vorteile auf heterogener Seite leichte Abtrennung, effizientes Recycling, damit verbundene niedrigere Kosten vor allem in industriellen Anwendungen und die Minimierung von Metallspuren im Produkt zu nennen sind.[59]

Als homogene Hydrierkatalysatoren kommen vor allem Iridium-, Rhodium-, Ruthenium- und Palladiumkomplexe zum Einsatz, aber auch für besser verfügbare Metalle wie Eisen, Cobalt und Nickel werden stetig neue Anwendungen gefunden.[60–62] Vorteile gegenüber heterogenen Systemen sind vor allem höhere Aktivität und Selektivität bei oftmals milderen Reaktionsbedingungen. Der größte Vorteil ist jedoch das um ein Vielfaches größere Repertoire an asymmetrischen Hydrierungen mit homogenen gegenüber heterogenen Katalysatoren.

1.6 Asymmetrische Hydrierung (hetero-)aromatischer Verbindungen

Die asymmetrische Hydrierung von aromatischen Molekülen stellt den direktesten, effizientesten und retrosynthetisch einfachsten Zugang zu gesättigten cyclischen chiralen Verbindungen dar. Die Chemie und Synthese aromatischer Verbindungen ist seit Jahrhunderten Gegenstand intensiver Forschung und neue Ergebnisse erscheinen täglich, womit Substrate für diese Reaktion leicht verfügbar und modifizierbar sind.[63] Vor allem durch den Einbau von Heteroatomen wie Stickstoff, Sauerstoff und Schwefel ergibt sich eine enorme Vielfalt an (hetero-)aromatischen Verbindungen.[64]

Die asymmetrische Hydrierung anderer prochiraler Substrate wie Ketonen, Iminen und Alkenen ermöglicht bereits eine Vielzahl erfolgreicher Umsetzungen und stellt heute einen wichtigen Teil der asymmetrischen Reaktionen in der industriellen Chemie dar. Dies wurde 2001 mit dem Chemienobelpreis für Knowles[65] und Noyori[66] gewürdigt. Dagegen ist das Portfolio asymmetrischer Hydrierungen von (Hetero-)Aromaten noch vergleichsweise begrenzt.[67] Der Hauptgrund dafür liegt in der aromatischen Stabilisierung der Substrate. Um das Maß an „Aromatizität" verschiedener Verbindungen allgemein qualitativ und quantitativ zu beschreiben gibt es verschiedene Ansätze.[68] Das kann bei der Bewertung von Hydriersubstraten hilfreich sein, denn die signifikante Resonanzstabilisierung aromatischer Verbindungen gegenüber anderen ungesättigten Substraten muss bei der Hydrierung der Substrate überwunden werden, was oftmals zu harschen Reaktionsbedingungen in Form von hohen Wasserstoffdrücken und hohen Temperaturen führt. Naturgemäß werden jedoch Selektivität und Enantioinduktion durch mildere Bedingungen begünstigt. Hinzu kommt, dass der Enantiokontrolle die Unterscheidung der beiden flachen Seiten des aromatischen Substrats zugrunde liegt, was hohe Enantioselektivität weiter erschwert. Eine weitere Schwierigkeit stellen Substrate dar, denen schwach koordinierende funktionelle Gruppen zusätzlich zu den zu reduzierenden Doppelbindungen fehlen. Eine Präkomplexierung des Substrats wird hierbei erheblich erschwert. Nicht zuletzt können reduzierte Stickstoff- und Schwefelheterocyclen unter den Reaktionsbedingungen stark an den Katalysator binden und ihn so deaktivieren.

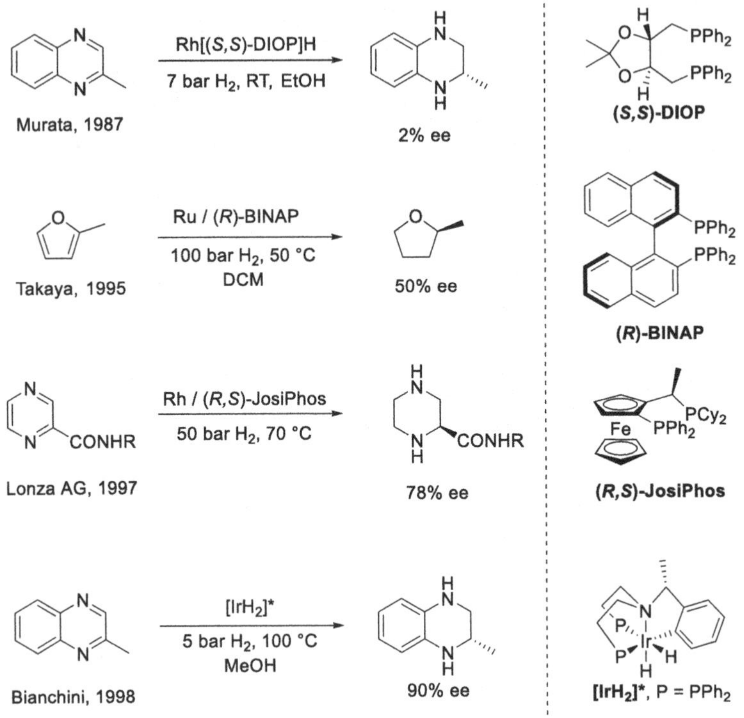

Schema 7. Erste Beispiele asymmetrischer homogener Hydrierreaktionen aromatischer Verbindungen.

Aufgrund dieser Schwierigkeiten entwickelte sich das Gebiet trotz vielversprechender Möglichkeiten erst mit einiger Verzögerung nach der asymmetrischen Hydrierung von nicht aromatischen Substraten.[69,70] Schema 7 fasst frühe Pionierarbeiten von Murata,[71] Takaya,[72] der Lonza AG,[73] und Bianchini[74] zusammen, und zeigt bereits einen Trend bei der Wahl des Katalysatorsystems. Tatsächlich basieren auch viele der neueren und erfolgreicheren Systeme heute auf den Metallen Rh, Ru oder Ir und einem chiralen Diphosphin.[75] Außer zwei Beispielen (Schema 8)[76,77] konnten heterogen katalysierte asymmetrische Hydrierungen bisher nur durch chirale Auxiliare und somit diastereoselektiv an aromatischen Substraten verwirklich werden.[78]

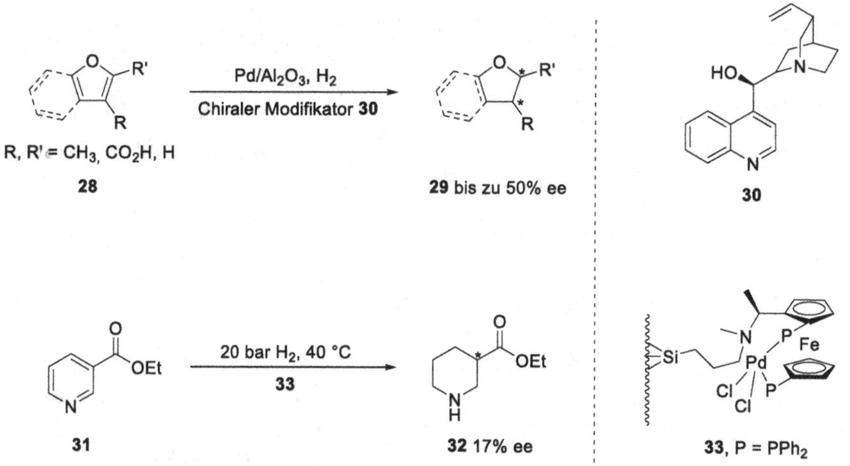

R, R' = CH₃, CO₂H, H

28   **29** bis zu 50% ee   **30**

31   **32** 17% ee   **33**, P = PPh₂

Schema 8. Heterogene Pd-katalysierte asymmetrische Hydrierung von (Benzo-)Furanen **28** mit Cinchona-Alkaloiden **30** und von Ethylnicotinat **31** zu Ethylnipecotinat **32** mit dem in mesoporöses Silica eingebetteten katalytisch aktiven Zentrum **33**.

Die Entwicklung neuer homogener Katalysatorsysteme ermöglicht jedoch heute die asymmetrische Hydrierung von Chinolinen, Isochinolinen, Chinoxalinen, Pyridinen, Indolen, Pyrazolen, Imidazolen, Oxazolen, (Benzo-)Furanen,[67] (Benzo-)Thiophen-en,[79] Pyrrolopyraziniumsalzen,[80] Flavonen und Chromonen,[81] Indolizinen[82] und Naphthalinen[83] in meist hervorragenden Ausbeuten und Enantioselektivitäten. Beim Vergleich der Substrate zeigt sich, dass zum einen bicyclische Verbindungen einfacher zu hydrieren sind, da ein Teil der Aromatizität im Produkt erhalten bleibt. Zum anderen sind mit Ausnahme von Naphthalin alle bisher zugänglichen Verbindungen Heteroaromaten, da durch die Anwesenheit eines Heteroatoms im Ring die Aromatizität herabgesetzt wird[68] und die Möglichkeit zur Präkomplexierung besteht. Besonders stabile Substrate konnten zusätzlich durch die Einführung einer Ladung in den zu hydrierenden Ring aktiviert werden.

Nach der ersten erfolgreichen hoch enantioselektiven Hydrierung von Chinolinen durch Zhou *et al.* 2003[84] erfuhren sowohl Chinoline als Hydriersubstrate wie auch das verwendete Katalysatorsystem viel Aufmerksamkeit. Die Autoren verwendeten [Ir(COD)Cl]₂ als Metallvorläufer, das chirale Diphosphin MeO-BiPhep **L1** als Liganden und eine katalytische Menge Iod als Additiv, das sich als ausschlaggebend für die Reaktivität erwies. Die Autoren gehen davon aus, dass durch das Iod die Ir(I)- in eine reaktivere Ir(III)- umgewandelt wird.

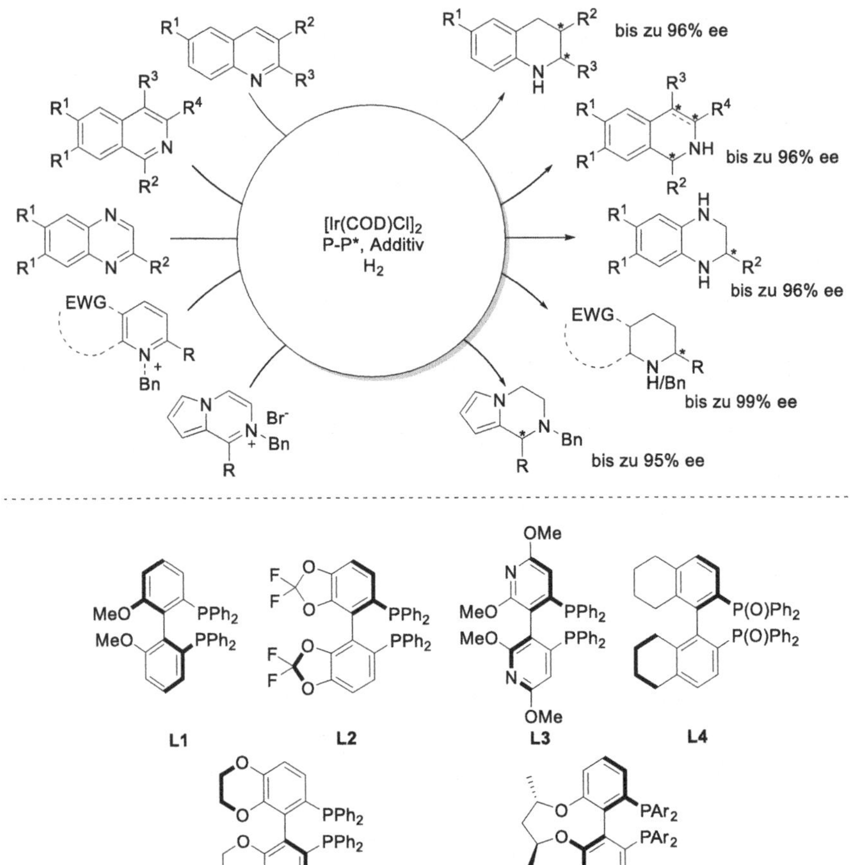

Abbildung 10: Substratbreite der asymmetrischen Hydrierung aromatischer Verbindung mit dem Katalysatorsystem basierend auf [Ir(COD)Cl]$_2$ und Diphosphinen sowie eine Auswahl dabei verwendeter Liganden **L1 – L6**.[67,80,85]

Neben sehr guten Enantiomerenüberschüssen und quantitativen Umsetzungen bietet die Reaktion eine gute Toleranz funktioneller Gruppen wie Ethern, Estern, Amiden, Sulfonen, Silanen und Fluoriden. Chan *et al.* gelang es weiterhin durch die Verwendung des luftstabilen PPhos **L3** *turnover numbers* (TON) von bis zu 43000 zu erreichen.[86]

Anders als bei dem Konzept der Katalysatoraktivierung durch Additive wie Iod gelang es Zhou *et al.* durch Zugabe stöchiometrischer Mengen von Chloroformaten Isochinoline asymmetrisch zu hydrieren, allerdings nur mit maximal 83% ee.[87] Dabei wurden die Substrate mithilfe des Chloroformats in reaktivere Isochinolinium-verbindungen überführt, wie sie beispielsweise in der Reissert Reaktion angewendet werden.[88] Nach einem ähnlichen Prinzip konnten Mashima *et al.* durch Brønstedsäuren aktivierte Isochinoliniumsalze asymmetrisch hydrieren.[89] In jüngerer Zeit gelang jedoch auch die asymmetrische Hydrierung von Isochinolinen durch Katalysatoraktivierung mit sehr guten Enantiomerenüberschüssen.[90] Unter Verwendung von H_8-BINAPO **L4** konnte das Katalysatorsystem ebenfalls auf Chinoxaline ausgeweitet werden.[91] Interessanterweise gelang hier sogar die Toleranz von Alkenen in Styrylsubstituenten, die unter den Reaktionsbedingungen nicht hydriert wurden.

Sogar die asymmetrische Hydrierung von besonders stabilen Pyridinen konnte mit dem Iridium/Diphosphin System realisiert werden. Dabei ist allerdings eine elektronenziehende Gruppe in C3- oder C6-Position nötig um das Substrat zu aktivieren, auch der Spektrum weiterer Substituenten am Substrat ist begrenzt.[92] In einem neueren Bericht konnte eine Reihe 2-aryl-, *N*-benzylsubstituierter Pyridinium-salze mit Enantiomerenüberschüssen von 70-93% asymmetrisch hydriert werden.[93] Der Austausch des Arylsubstituenten gegen Benzyl bzw. *iso*-Propyl resultierte in deutlich verringerten Enantioselektivitäten. Die Reaktion verläuft ohne Additive und toleriert Ether, Ester, Fluoride und Chloride.

Kürzlich gelang auch die Umsetzung von Pyrollo[1,2-*a*]pyraziniumsalzen mit [Ir(COD)Cl]$_2$ und (S,S,R_{ax})-C_3*-TunePhos **L6** und stöchiometrischen Mengen Cs_2CO_3. Die Base dient im diesem Fall als Abfangreagens für in der Reaktion freigesetzte Protonen, das Substrat wird durch *N*-Benzylsubstitution und damit einhergehender Einführung einer Ladung in den Heterocyclus präaktiviert. Außerdem wird so die Koordinationsfähigkeit der Produkte verringert.[80]

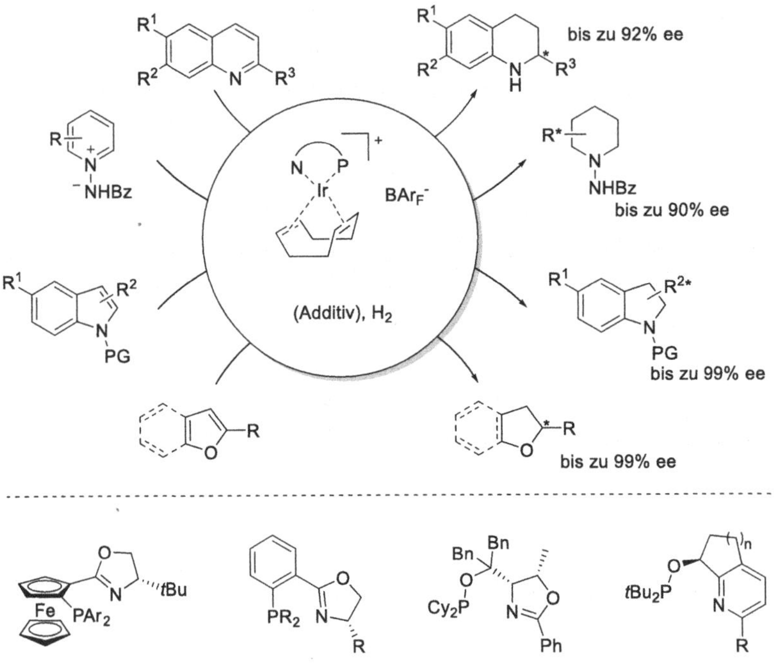

Abbildung 11: Substratbreite der asymmetrischen Hydrierung aromatischer Verbindungen basierend auf dem Katalysatorsystem [Ir(COD)(N-P*)][BArF] sowie eine Auswahl dabei verwendeter Liganden **L7-L10**.

Die im Gegensatz zu den bisher aufgeführten Diphosphinen nicht C_2-symmetrischen P-N-Liganden **L7-L10** stellen als kationische Iridiumkomplexe mit dem schwach koordinierenden Anion Tetrakis(3,5-bis(trifluoromethyl)phenyl)borat (BArF) ebenfalls effektive asymmetrische Hydrierkatalysatoren dar. Ursprünglich von Pfaltz *et al.* vor allem für die asymmetrische Hydrierung nicht aktivierter Alkene verwendet,[94] wurden später auch zahlreiche Anwendungen in der Heteroaromatenhydrierung gefunden. So konnten mit [Ir(COD)Cl]₂, dem ferrocenyloxazolin abgeleiteten Liganden **L7** und Iod als Additiv Chinoline mit bis zu 92% ee hydriert werden.[95] Die Reaktion verläuft unter milden Bedingungen und toleriert Alkohole, Ether und Fluoride.

Die Hydrierung von Pyridinderivaten ist mit dem Liganden **L8** ebenfalls unter Zugabe von Iod möglich.[96] Die Reaktion ist allerdings nur mit in Form von N-Benzoyl-iminopyridiniumyliden aktivierten Verbindungen erfolgreich, das Substratspektrum umfasst lediglich alkylierte und benzylierte Verbindungen und die Enantiomeren-überschüsse sind stark substratabhängig. Trotz voller Umsätze schwanken die

Ausbeuten ebenfalls aufgrund einer unter den Reaktionsbedingungen auftretenden Nebenreaktion.

Sehr effektive Umsetzungen hingegen gelingen mit dem vorgeformten [Ir(COD)**L8**][BAr$_F$] Komplex ohne Zugabe eines Additivs bei der asymmetrischen Hydrierung von *N*-geschützten Indolen.[97] Entscheidend ist dabei die Wahl der Schutzgruppe. Ungeschützte sowie methylgeschützte Indole konnten weder in guten Ausbeuten noch Enantiomerenüberschüssen hydriert werden. Der Einsatz von *tert*-butyloxycarbonyl- (Boc), Acetyl- (Ac) und Tosylschutzgruppen (Ts) führte jedoch zu meist vollen Umsätzen C2- oder C3-substituierter Indole bei Wasserstoffdrücken zwischen 50 und 100 bar und Temperaturen zwischen 25 und 60 °C. Enantiomeren-überschüsse von bis zu 99% wurden erreicht. Die Autoren nehmen an, dass die Schutzgruppe gleichzeitig als dirigierende Gruppe fungiert.

Fünf Beispiele für die asymmetrische Hydrierung von 2-substituierten (Benzo-)Furanen sind mit dem [Ir(COD)**L10**][BAr$_F$] Katalysatorsystem bekannt.[98] Dabei werden Enantiomerenüberschüsse von 78 bis 99% bei Wasserstoffdrücken von 50 oder 100 bar und Temperaturen von 40 °C erreicht. Die Substituenten am Phosphoratom des Katalysators haben dabei einen wichtigen Einfluss auf die Aktivität und Stereokontrolle der Reaktion.

Die Einführung eines bemerkenswert umfangreichen Katalysatorsystems gelang Kuwano *et al.* mit Ph-TRAP **L11** und einem Metallvorläufer. Nachdem zunächst Rhodium bei der asymmetrischen Hydrierung von *N*-tosylgeschützten Indolen zum Einsatz kam,[99] gelang es den Autoren später stattdessen Ruthenium einzusetzen. Ru-TRAP-Komplexe sind in der Lage eine Reihe von aromatischen Verbindungen asymmetrisch zu hydrieren. Eine besondere Eigenschaft des TRAP-Liganden ist die Fähigkeit *trans*-Chelate auszubilden. Die Umsetzung von *N*-Boc-geschützten, in C2- oder C3-Position substituierten Indolen gelingt mit Enantioselektivitäten bis zu 98% bei Wasserstoffdrücken von 50 bar und Temperaturen von 60 °C.[100] Der Zusatz einer katalytischen Menge Cäsiumcarbonat oder Triethylamin ist dabei ausschlaggebend um sowohl hohe Aktivität als auch Stereoselektivität zu erreichen.

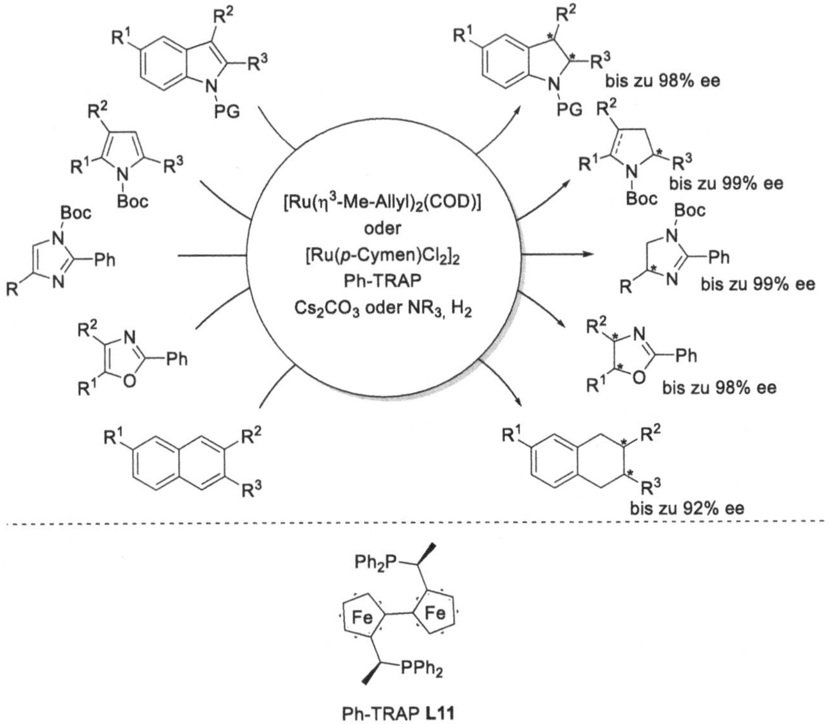

Abbildung 12: Substratbreite der asymmetrischen Hydrierung aromatischer Verbindungen basierend auf dem Katalysatorsystem Ru-Vorläufer und Ph-TRAP **L11**.

Im Falle von *N*-Boc-geschützten Pyrrolen gelang sogar die Erzeugung dreier Stereozentren durch enantioselektive Monohydrierung mit anschließender diastereoselektiver Hydrierung mittels Palladium auf Kohle mit bis zu 96% ee.[101] In den meisten Fällen jedoch konnte nur ein Stereozentrum in C5-Position selektiv erzeugt werden, jedoch mit bis zu 99% ee.

Die asymmetrische Hydrierung strukturell verwandter in 2-Position phenyl-substituierter Imidazole und Oxazole gelang ebenfalls mit obigem Katalysatorsystem mit bis zu 99% ee, allerdings erst bei Temperaturen von 80 °C und 50 bar H₂-Druck.[102] Im Falle der Imidazole stellten sich erneut *N*-Boc-geschützte Verbindungen als geeignete Substrate heraus. Ether und Fluoride werden toleriert, die Einführung einer Estergruppe verringerte jedoch den Enantiomerenüberschuss signifikant auf 50%.

Mit Naphthalinen konnten auch aromatische Verbindungen ohne Heteroatome im Ringsystem erfolgreich asymmetrisch hydriert werden.[103] Allerdings sind dabei Ether- oder Estergruppen als dirigierende Substituenten notwendig. Dabei genügten für estersubstituierte Substrate 40 °C, während ethersubstituierte Naphthaline erst bei 100 °C erfolgreich umgesetzt werden konnten. Ringselektivitätsprobleme wurden von den Autoren durch die Wahl symmetrischer Substrate vermieden, und Enantiomerenüberschüsse von 69 bis 92% wurden erreicht.

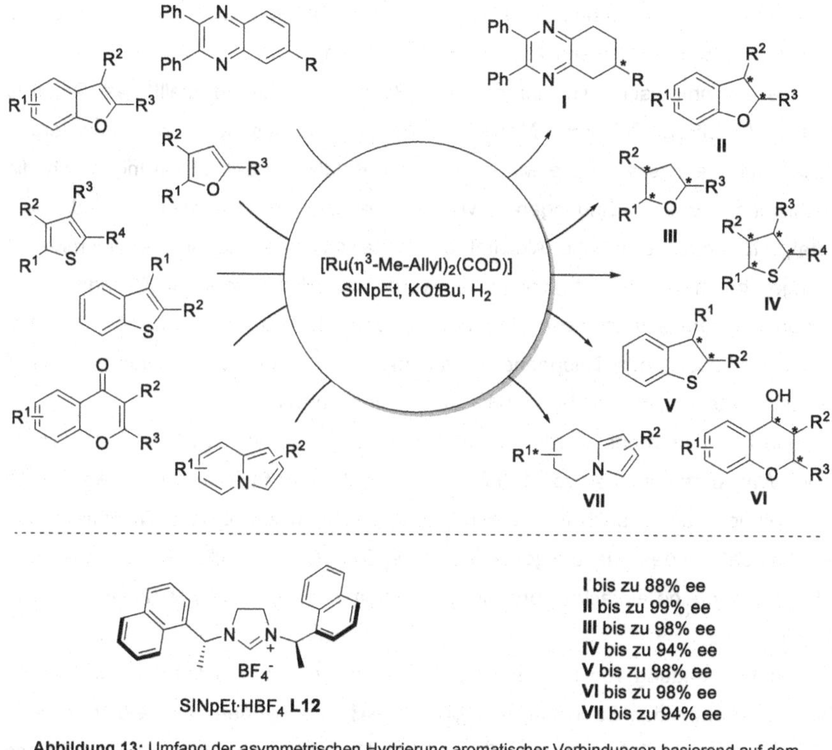
[Ru(η3-Me-Allyl)2(COD)]
SINpEt, KOtBu, H2
BF4-
SINpEt·HBF4 L12
I bis zu 88% ee
II bis zu 99% ee
III bis zu 98% ee
IV bis zu 94% ee
V bis zu 98% ee
VI bis zu 98% ee
VII bis zu 94% ee

Abbildung 13: Umfang der asymmetrischen Hydrierung aromatischer Verbindungen basierend auf dem Katalysatorsystem [Ru(η^3-Me-Allyl)$_2$(COD)] und **L12**.

Das einzige bekannte homogene Katalysatorsystem, das ohne die Verwendung von Phosphinen auskommt ist in Abbildung 13 dargestellt. Glorius *et al.* konnten mit der Kombination aus Ru(II)-Vorläufer und *in situ* deprotoniertem Imidazoliumsalz SINpEt·HBF$_4$, **L12**·HBF$_4$, den Carbocyclus substituierter Chinoxaline hochregioselektiv asymmetrisch hydrieren.[104] Interessanterweise kann allein durch die Wahl des NHC-Liganden die Regioselektivität komplett invertiert werden, wenn auch ohne die Möglichkeit zur Stereokontrolle.

Besonders geeignete Substrate für dieses Katalysatorsystem scheinen Benzofurane zu sein. Diese können teilweise bei Raumtemperatur und Wasserstoffdrücken von 10 bar in wenigen Stunden quantitativ und mit hervorragenden Enantioselektivitäten umgesetzt werden.[105] Ebenfalls möglich ist die asymmetrische Hydrierung disubstituierter Furane zu den entsprechenden Tetrahydrofuranen.[106] Für quantitative Umsetzungen dieser stabilen Monocyclen wurden Wasserstoffdrücke von 130 bar benötigt. Die Enantioselektivitäten sind sowohl vom Substitutionsmuster als auch von der elektronischen Natur der Furane abhängig.

Für die asymmetrische Hydrierung von (Benzo-)Thiophenen stellt das Ru-NHC System die einzige bekannte Möglichkeit dar.[79] Eine besondere Herausforderung dieser Substratklasse ist die Möglichkeit der Katalysatordesaktivierung durch die Ausbildung starker Bindungen zwischen reduzierten Thiophenen und dem Katalysatormetall. Die hohe Aktivität des Katalysators sowie die vergleichsweise geringe Thiophilie von Ru(II)-Komplexen werden von den Autoren als Gründe für die erfolgreiche Umsetzung dieser Substrate angeführt. Erstaunlich ist die Tatsache, dass monosubstituierte Thiophene nur racemisch hydriert werden konnten, während disubstituierte Derivate mit bis zu 94% ee erhalten wurden.

Flavone und Chromone wurden konnten bei Temperaturen zwischen 5 und 25 °C sowie Wasserstoffdrücken von 120 bis 150 bar mit bis zu 98% ee hydriert werden.[81] Die Methode konnte auch für die Hydrierung des Schwefelderivats Thiochromenon angewendet werden. Nachfolgende selektive Oxidation der Alkoholfunktion ermöglicht weiterhin eine einfache Darstellung enantiomerenangereicherter Flavanone und Chromanone.

Bei der Verwendung von Indolizinen als Hydriersubstrate wird mit dem Ru(II)-NHC System selektiv der Sechsring mit bis zu 94% ee hydriert. Die elektronischen Eigenschaften der Substrate beeinflussen den Umsatz der Reaktion maßgeblich, so konnte 5-Methyl-2-p-methoxyphenylindolizin selbst durch Erhöhung von Druck, Temperatur und Katalysatorladung nicht zu Reaktion gebracht werden, während bei dem p-fluorophenylsubstituierten Substrat sogar Überreaktion beobachtet wurde.

2 Synthese neuartiger NHCs

2.1 Zielsetzung

Der von Glorius *et al.* entwickelte Ruthenium-NHC-Katalysator (Kapitel 1.6, Abbildung 13), stellt ein vielseitiges System zur Hydrierung aromatischer Verbindungen dar. Besonders bemerkenswert ist die Tatsache, dass mit lediglich einem Liganden eine ganze Bandbreite von unterschiedlichen Heterocyclen effektiv und selektiv hydriert werden kann. Bei bisherigen Ligandenscreenings wurde mit SINpEt (**L12**) für jedes Substrat die besten Ergebnisse erzielt. Das Design neuartiger, von SINpEt abgeleiteter NHC-Liganden bietet demnach das Potential das Substratspektrum der Ru-NHC katalysierten asymmetrischen Hydrierung unter Umständen erheblich zu erweitern und Selektivitäten für bekannte Substrate zu verbessern. Die Wahl des achiralen Carbens SIPr konnte bei Chinoxalinen beispielsweise die Ringselektivität vollständig umkehren.[104]

Wolf *et al.* konnten den aus [Ru(η^3-Me-Allyl)$_2$(COD)], SINpEt·HBF$_4$ und KOtBu bei 70 °C *in situ* gebildeten Präkatalysator kristallisieren und röntgenographisch untersuchen.

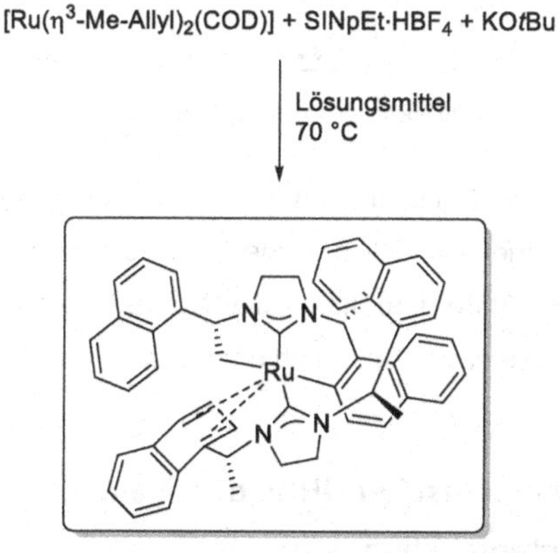

Schema 9. Synthese und Molekülstruktur des Präkatalysators der Ru-NHC katalysierten asymmetrischen Hydrierung nach Glorius *et al.* durch *in situ* Deprotonierung des Imidazoliumsalzes in Anwesenheit eines Rutheniumvorläufers.

Die Aufklärung der Molekülstruktur zeigte, dass es sich um einen Bis-NHC-Komplex handelt, bei dem einer der beiden NHC-Liganden eine sp^2- sowie sp^3-CH-Aktivierung eingeht und somit effektiv einen tridentaten Liganden bildet. Der zweite NHC-Ligand bildet neben der σ-Bindung des Carbenkohlenstoffes auch eine koordinative η^4-Bindung mit dem π-System eines Naphthalinringes aus.

Die Frage ob, und in welchem Umfang, die CH-Aktivierungen und η^4-Koordination des NHCs Einfluss auf Aktivität und Stereoselektivität hat gilt es noch zu klären. Unveröffentlichte Untersuchungen zum Mechanismus der Hydrierung deuten zwar auf einen aktiven Katalysator hin, bei dem mindestens eine der CH-Aktivierungen geöffnet und eventuell auch die η^4-Koordination aufgehoben ist, es ist aber dennoch wahrscheinlich, dass diese Strukturelemente wesentlich zur Komplexstabilisierung beitragen.

Um bei der Variation des NHCs die stabilisierenden Wechselwirkungen weiterhin zu ermöglichen, gleichzeitig jedoch möglichst viele neue und andersartige Liganden zu erhalten sollten unsymmetrische Imidazoliumsalze **34** wie in Abbildung 14 dargestellt synthetisiert und untersucht werden.

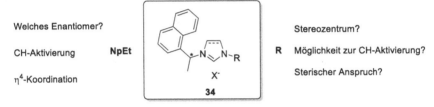

Welches Enantiomer?

CH-Aktivierung   **NpEt**

η^4-Koordination

R   Stereozentrum?

R   Möglichkeit zur CH-Aktivierung?

Sterischer Anspruch?

Abbildung 14: Zu untersuchende Ligandenstrukturen abgeleitet von SINpEt.

Dabei lässt sich mit dem Substituenten R ein zweites Stereozentrum einführen, welches die C_2-Symmetrie des NHCs aufhebt und die Konstruktion verschiedener Diastereomere erlaubt. Außerdem kann die Notwendigkeit einer CH-Aktivierung beider Seiten sowie der sterische Anspruch untersucht werden.

2.2 Synthese unsymmetrischer NHCs durch eine Mehrkomponentenreaktion

Die Darstellung unsymmetrischer Imidazoliumsalze ist nach Mauduit *et al.* durch eine Mehrkomponentenreaktion in einem Schritt möglich (Schema 6).[45] In ihrer Veröffentlichung verwendeten die Autoren allerdings neben Anilinderivaten auf der einen Seite nur Cycloalkylamine.

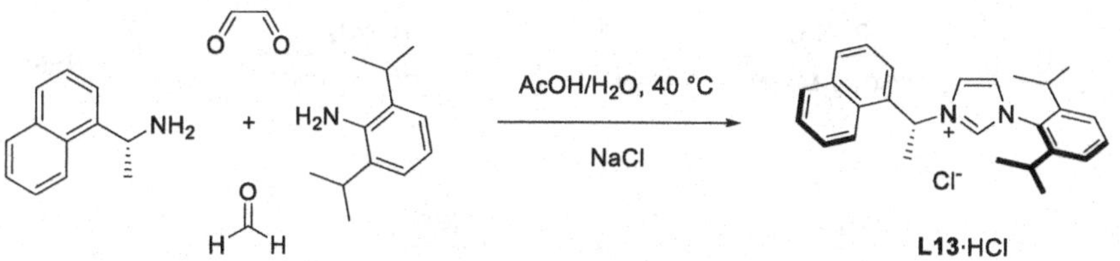

Schema 10. Synthese des Imidazoliumsalzes **L13**·HCl durch eine Multikomponentenreaktion nach Maudui *et al.*

Um das unsymmetrische Imidazoliumsalz **L13**·HCl herzustellen wurde je ein Äquivalent 2,6-Di*iso*-propylamin und (*R*)-Naphthylethylamin in Essigsäure gelöst und bei 40 °C 5 Minuten gerührt. Anschließend wurde eine Mischung aus Glyoxal, Formaldehyd, Essigsäure und Wasser hinzugegeben und weitere 10 Minuten bei 40 °C gerührt. ESI-MS und NMR-Spektren des Rohproduktes zeigten eine Mischung aus unsymmetrischem und den jeweiligen symmetrischen Imidazoliumsalzen. **L13**·HCl wurde nach säulenchromatographischer Reinigung als gelber schaumiger Feststoff in 17%iger Ausbeute erhalten. Die nicht literaturbekannte Verbindung konnte durch die charakteristische Singulettresonanz bei 10.5 ppm des Protons am C1 im ^{1}H-NMR und passende Zuordnung der restlichen Signale identifiziert werden. Hoch aufgelöste ESI-MS bestätigte die Anwesenheit des Kations.

Offenbar eignet sich das benzylische Naphthylethylamin weniger gut für diese Methode als Cycloalkylamine, vergleicht man die Ausbeuten. Erfreulicherweise scheint das Imidazoliumsalz **L13**·HCl jedoch nicht, wie einige andere Imidazoliumchloride, hygroskopisch zu sein, was die Lagerung des Feststoffes erleichtert.

2.3 Synthese unsymmetrischer NHCs ausgehend von Chloroacetylchlorid

Die von Kotschy *et al.* vorgestellte modulare Syntheseroute ausgehend von Chloroacetylchlorid erlaubt die Darstellung diverser unsymmetrischer Imidazolidiniumsalze in vier Schritten (Schema 10).[107]

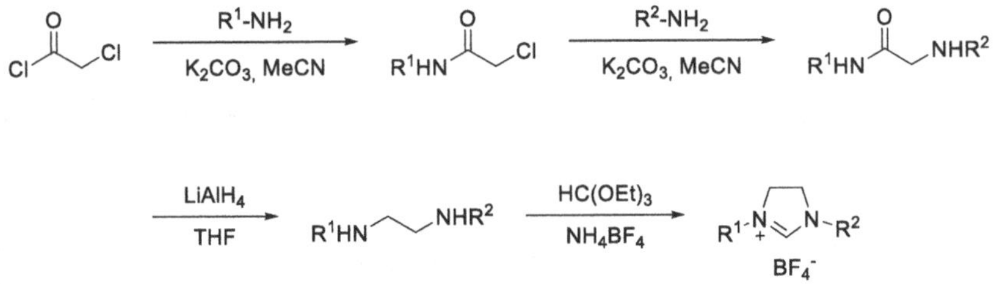

Schema 11. Darstellung unsymmetrischer Imidazolidiniumsalze nach Kotschy *et al.* ausgehend von Chloroacetylchlorid.[107]

Eine wichtige Eigenschaft dieser Synthese in Bezug auf die gewünschten NHC-Vorläufer **34** ist die schrittweise Einführung der Amine, sodass es nicht zu Selektivitätsproblemen wie etwa in Mehrkomponentenreaktionen kommen kann. Außerdem zeigen die Autoren die Anwendbarkeit der Methode auf verschiedene, vor allem chirale benzylische Amine, wie das Phenylethylamin, das allen zu synthetisierenden NHCs gemeinsam sein soll. Zuletzt kommen mit zwei nucleophilen Substitutionen, der Reduktion eines Amids und Diamincylisierung mit Triethylorthoformiat weithin erprobte Reaktionen zum Einsatz, was auf breite Anwendbarkeit hoffen lässt. Zuletzt sind die zugänglichen Carbenvorläufer Imidazolidiniumsalze. Im Falle des NHCs SINpEt ermöglichte die gesättigte Verbindung bessere Ergebnisse als Hydrierligand als das ungesättigte Derivat. Der Schlüssel der Synthese liegt im Einsatz von Chloroacetylchlorid, welches zwei Chloride an unterschiedlich reaktiven Kohlenstoffatomen trägt. Somit können nacheinander selektiv zwei verschiedene Amine eingeführt werden. Der Nachteil der Methode ist die mit vier Schritten relativ lange Sequenz, die Autoren berichten bei den meisten Substraten jedoch über gute bis exzellente Ausbeuten. Des Weiteren müssen für verschiedene NHCs mit einem gleichen Rest jeweils die letzten drei Schritte separat durchgeführt werden, da der gemeinsame Vorläufer relativ früh in der Synthese auftritt.

Nach der modifizierten Vorschrift von Kotschy *et al.*[107] wurden im ersten Reaktionsschritt 1.2 Äquivalente Chloroacetylchlorid tropfenweise zu einer Mischung aus einem Äquivalent (*R*)-Naphthylethylamin, zwei Äquivalenten Kaliumcarbonat und Acetonitril getropft (Schema 12). Ein weißer Niederschlag zeigte die spontane Bildung des Produktes an, die Reaktion wurde dennoch einige Stunden bei Raumtemperatur gerührt und auf vollständigen Umsatz mittels GC-MS überprüft.

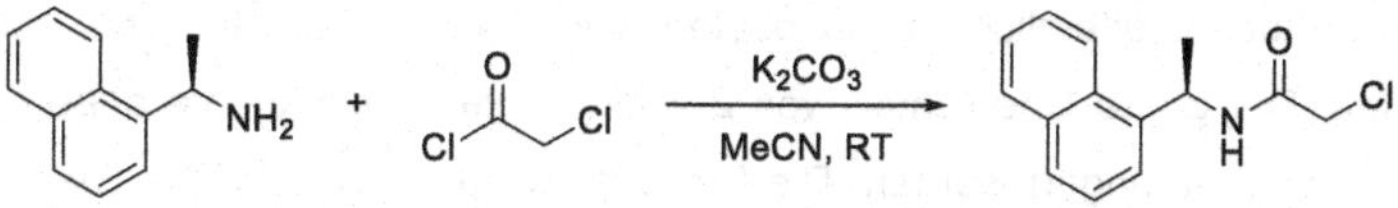

Schema 12. Synthese des α-Chloroamids **34** nach Kotschy *et al.*

Das α-Chloroamid **35** wurde quantitativ erhalten und müsste nicht wie in der Originalvorschrift beschrieben umkristallisiert werden.

Verbindung **35** stellt den gemeinsamen Vorläufer der unsymmetrischen Imidazolidiniumsalze **34** dar. Im nun folgenden Reaktionsschritt wird das zweite Amin eingeführt.

Tabelle 1. Synthese der α-Aminoamide **36a-d**.

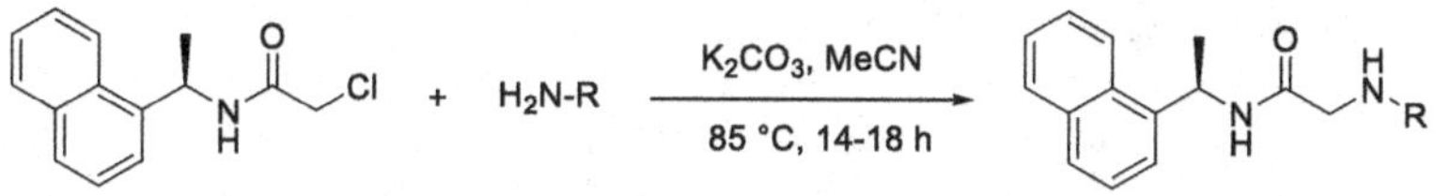

	Amin	Reinigung	Ausbeute[a]
a	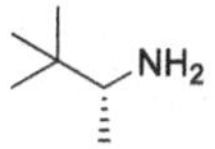	Extraktion	98%
b	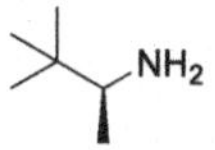	Extraktion	98%
c	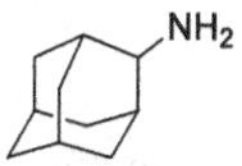	Chromatographie	90%[b]
d	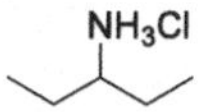	Chromatographie	26%[b,c]

Standardreaktionsbedingungen: **35** (50 mmol, 1.0 Äquivalente), Amin (55 mmol, 1.1 Äquivalente), Kaliumcarbonat (110 mmol, 2.0 Äquivalente), Acetonitril (75 mL), 85 °C, über Nacht. [a] Isolierte Ausbeute. [b] Im 5 mmol-Maßstab durchgeführt. [c] 3 Äquivalente Kaliumcarbonat verwendet.

Die α-Aminoamide **36a-d** wurden überwiegend in sehr guten Ausbeuten aus der Reaktion eines primären Amins mit **35** erhalten (Tabelle 1). Dabei wurden die in der

Originalliteratur veröffentlichten Ausbeuten von 78-85% für ähnliche Substrate übertroffen. Der große Überschuss von 2 Äquivalenten Amin konnte außerdem auf 1.1 Äquivalente verringert werden. Die Produkte wurden als gelbliche Öle erhalten, die Reinheit konnte durch NMR Spektroskopie und ESI-MS bestätigt werden. Die Darstellung der Diastereomere **36a-b** gelang in identischen Ausbeuten und ohne die Notwendigkeit chromatographischer Trennung. Das adamantylsubstituierte Derivat **36c** wurde nach Flash-Chromatographie in 90%iger Ausbeute erhalten. Weiterhin erfolgte die Darstellung von **36a-b** im 50 mmol Maßstab ohne negative Auswirkungen auf die Ausbeuten. Zur Synthese von **36d** wurde das Hydrochlorid des entsprechenden Amins aufgrund dessen niedrigen Siedepunktes eingesetzt. Zur Deprotonierung des Ammoniumsalzes wurde ein zusätzliches Äquivalent Base verwendet. Dennoch konnte das entsprechende Produkt nach Flash-Chromatographie in lediglich 26% Ausbeute isoliert werden.

Tabelle 2. Synthese der Diamine **37a-d**.

	R	Reinigung	Ausbeute[a]
a		Extraktion	99%
b		Extraktion	90%
c		Chromatographie	68%[b]
d			n. b.

Standardreaktionsbedingungen: **36** (50 mmol, 1.0 Äquivalent), LiAlH₄ (200 mmol, 4.0 Äquivalente), THF (250 mL), 75 °C, 16-48 h. [a] Isolierte Ausbeute. [b] Im 5 mmol-Maßstab durchgeführt.

Die so erhaltenen α-Aminoamide wurden mittels Lithiumaluminiumhydrid zu den entsprechenden Diaminen reduziert (Tabelle 2). Die Ausbeuten der Reduktion sind für die Diastereomere **37a-b** erneut hervorragend, eine säulenchromatographische Reinigung dieser Verbindungen war nicht nötig und die Reaktionen im 50 mmol Maßstab verlief problemlos. Die Reduktion des adamantylsubstituierten Derivats **36c** lieferte eine Ausbeute von 68%, was im Rahmen der Originalveröffentlichung ähnlicher Verbindungen liegt. Das Diamin **37d** konnte nicht sauber isoliert werden. Obwohl die mittels Dünnschichtchromatographie durchgeführte Reaktionskontrolle nur auf eine Verbindung hindeutete, wurde nach Flash-Chromatographie **37d** mit starken Verunreinigungen erhalten. Möglicherweise wird das elektronenreiche und im Vergleich zu **37a-c** sterisch weniger abgeschirmte Diamin leicht oxidiert.

Die Cyclisierung der Diamine **37a-c** erfolgte lösungsmittelfrei mit einem Überschuss Triethylorthoformiat in Anwesenheit von Ammoniumtetrafluoroborat (Schema 13).

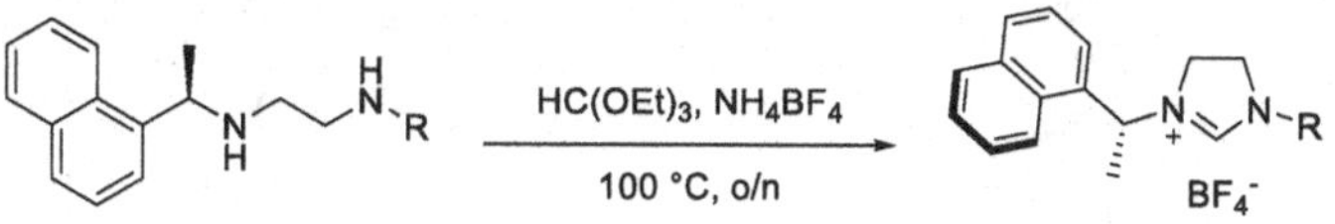

$$HC(OEt)_3, NH_4BF_4$$
100 °C, o/n

37a-d → **L14a-c·HBF₄**

BF_4^-

Isolierte Ausbeuten:

a: 80%
b: 60%
c: 83%

Schema 13. Synthese der Imidazolidiniumsalze **L14a-c**·HBF₄. Standardreaktionsbedingungen: **37** (1.0 Äquivalente), Triethylorthoformiat (20.0 Äquivalente), Ammoniumtetrafluoroborat (1.1 Äquivalente), 100 °C, über Nacht.

Beim Aufheizen der Reaktionsmischung auf 100 °C färbte sich die Lösung tiefrot. Am nächsten Tag konnte ein weißer Niederschlag beobachtet werden. Einfache Filtration und Waschen mit Ether lieferte die Imidazolidiniumtetrafluoroborate **L14a-c**·HBF₄ in guten Ausbeuten von 60 bis 83% als weiße Feststoffe. Die unterschiedlichen Ausbeuten der beiden Diastereomere **L14a-b**·HBF₄ lassen sich vermutlich auf sterische Ursachen zurückführen. In dem pseudo-C_2-symmetrischen $(R),(R)$-Diastereomer **L14a**·HBF₄ können sich die beiden großen Reste Naphthyl- und *tert*-Butyl besser ausweichen. Simple Berechnungen mit dem MM2-Kraftfeld ergeben für **L14a**·HBF₄ eine relativ zu **L14b**·HBF₄ 0.7% niedrigere Energie. Dies könnte ein Hinweis darauf sein, dass auch die Cyclisierungsreaktion leichter ablaufen kann.

Von dem Imidazolidiniumsalz **L14b** konnten außerdem durch langsames Eindiffundieren von *n*-Pentan in eine Dichlormethanlösung der Verbindung für Einkristallröntgenstrukturanalyse geeignete Kristalle erhalten und vermessen werden. Die Molekülstruktur ist in Abbildung 15 dargestellt.

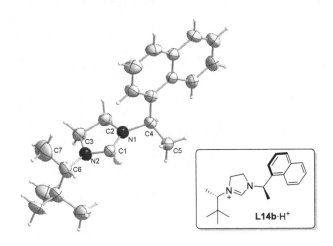

Abbildung 15: Molekülstruktur des Komplexkations **L14b·H**[+] erhalten aus Einkristallröntgenstrukturanalyse. Das BF₄-Gegenion wurde zur besseren Übersicht weggelassen. Thermalellipsoiden sind mit 50% Wahrscheinlichkeit dargestellt. Die *tert*-Butylgruppe ist über zwei Positionen fehlgeordnet. Bindungslängen und –winkel siehe Anhang.

Die Verbindung kristallisiert im orthorombischen Kristallsystem mit vier Molekülen pro Elementarzelle ohne Einschluss von Lösungsmittelmolekülen. Die für das Imidazoliumsalz erwartete Struktur konnte bestätigt werden und stimmt auch weitestgehend mit der durch Kraftfeldrechnungen optimierten Struktur überein. Der Flack Enantiopol Parameter[108] beträgt 0.0(4) und bestätigt die absolute Struktur mit (*R*)- und (*S*)-Stereozentrum. Die *tert*-Butylgruppe ist fehlgeordnet, was aufgrund der hohen Beweglichkeit der Methylgruppen häufig der Fall ist.

2.4 Synthese unsymmetrischer NHCs durch Einführung des zweiten Substituenten im letzten Reaktionsschritt

Wie bereits erwähnt besitzt die in Kapitel 2.3 vorgestellte Synthese den Nachteil, dass neue Carbenvorläufer jedes Mal über mehrere Stufen synthetisiert werden müssen. Dies erschwert ein breites Ligandenscreening, da neue NHCs nur über aufwendige Syntheserouten verfügbar sind. Des Weiteren werden Ligandendesigns ohne klaren Anhaltspunkt auf einen positiven Effekt der Strukturänderung sehr ineffektiv, da dieser Ansatz auf einem schnellen Aufbau neuer Liganden basiert.

Eine Methode, die neue unsymmetrische Carbenvorläufer in einem einzigen Schritt zugänglich machen würde, wäre daher sehr erstrebenswert. Da außerdem mit der Naphthylethylgruppe einer der Substituenten am NHC bereits festgelegt ist, würde es genügen einen gemeinsamen Vorläufer für Verbindungen des Typs **34** darzustellen, aus dem in einem Schritt durch Einführung des zweiten Substituenten ein neuer Carbenvorläufer entsteht.

Fürstner *et al.* beschreiben die modulare Synthese von Imidazoliumsalzen, die über ein Oxazolidiniumylacetat **40** als Schlüsselintermediat verläuft (Schema 14).[109]

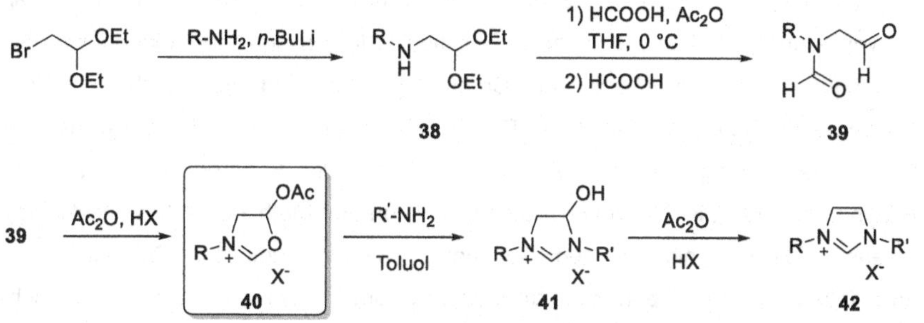

Schema 14. Synthese unsymmetrischer Imidazoliumsalze **42** nach Fürstner *et al.* über das Schlüsselintermediat **40**.

Ein primäres Amin wird mit *n*-BuLi deprotoniert und anschließend in einer nucleophilen Substitution mit Bromoacetaldehyddiethylacetal zu **38** umgesetzt. Entschützung und Formylierung führt zum Aldehyden **39**. Die nachfolgende Cyclisierung mit Essigsäureanhydrid und einer starken Säure bleibt auf der Stufe des Acetals **40** stehen, anstatt Essigsäure zu eliminieren und zum Oxazoliumsalz weiterzureagieren. Durch Zugabe eines zweiten Amins bildet sich das hydroxylierte Imidazolidiniumsalz **41**, welches direkt zum Imidazoliumsalz **42** umgesetzt werden kann. Die Methode erlaubt somit die späte Einführung des zweiten Substituenten und scheint geeignet für die Darstellung von Carbenvorläufern des Typs **34**.

Die Synthese wurde unter Verwendung von Naphthylethylamin durchgeführt, um mit **40** einen gemeinsamen Vorläufer für die Synthese von unsymmetrischen Carbenvorläufern zu erhalten. Im ersten Schritt wurde die starke Base *n*-BuLi durch

Kaliumcarbonat ersetzt, um das chirale Amin nicht über die relativ acide benzylische Position zu racemisieren.

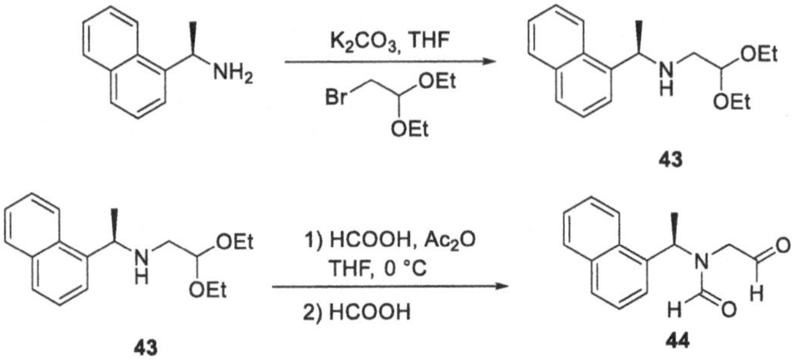

Schema 15. Synthese des Formamids **44**.

Die Reinigung des Produktes **43** konnte jedoch nicht wie für die von Fürstner *et al.* verwendeten Substrate **38** über Destillation erfolgen, da der Siedepunkt der Verbindung zu hoch ist. Nach Flash-Chromatographie wurde **43** jedoch in 76%iger Ausbeute als farbloses Öl erhalten. Die Entschützung und Formylierung wurde wie beschrieben durchgeführt und NMR sowie ESI-MS des Rohproduktes zeigten die Bildung von **44**. Die Reinigung analog zur Fürstner-Methode mittels Destillation gelang auch hier nicht wegen des hohen Siedepunktes des Produkts. Eine chromatographische Trennung war jedoch diesmal nicht möglich, da ein nicht identifiziertes Nebenprodukt mit **44** coeluierte. Nach dem ^{1}H-NMR Spektrum der Mischung zu urteilen lagen **44** und die Verunreinigung im Verhältnis 3:2 vor. Da die Trennung nicht gelang, wurde das Gemisch den Reaktionsbedingungen zur Cyclisierung unterzogen. Leider bildete sich dabei laut ESI-MS das gewünschte Produkt nicht. Die Synthese musste daher erfolglos abgebrochen werden, und konnte nicht zur einfachen Darstellung von naphthylethylsubstituierter Carbenvorläufer verwendet werden.

Gilbertson *et al.* veröffentlichten ebenfalls eine Synthese, die die Einführung eines zweiten Amins im letzten Reaktionsschritt erlaubt (Schema 16).[110]

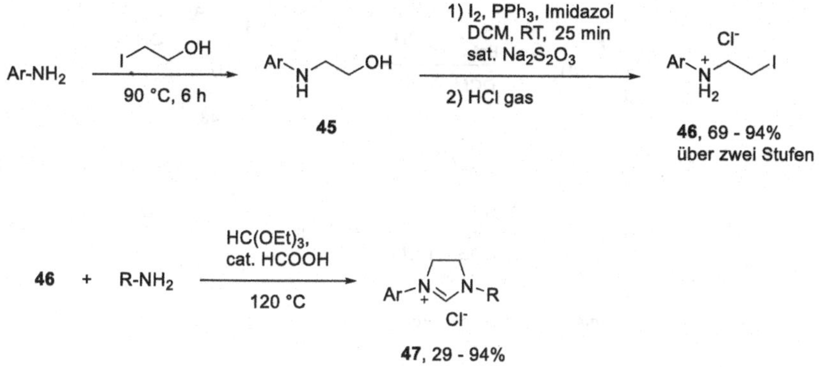

Schema 16. Modulare Synthese unsymmetrischer NHCs nach Gilbertson *et al.* über
N-(2-Iodoethyl)arylammoniumsalze **46**.

Dabei starten die Autoren mit einem Anilinderivat und 2-Iodethanol um die
Aminoalkohole **45** zu erzeugen, die dann in einer Appel-Reaktion zu den
Iodoethylammoniumchloriden **46** umgesetzt werden. Das Iodid stellt darin eine sehr
gute Abgangsgruppe dar, und diverse primäre Alkyl- und Arylamine können mit **46** in
Anwesenheit von Triethylorthoformiat und einer stöchiometrischen Menge
Ameisensäure bei 120 °C zu Imidazoliumchloriden **47** cyclisiert werden. Die Ausbeu-
ten sind dabei sehr variabel und reichen von 29% für das benzylische Naphthyl-
ethylamin bis hin zu 94% für 4,6-Dimethylpyridin-2-amin.

Entscheidender Nachteil der Methode ist die Tatsache, dass für die Imidazolidinium-
vorläufer **46** nur Anilinderivate in Frage kommen, bzw. von den Autoren verwendet
werden. Ein möglicher Grund dafür ist die geringere Nucleophilie des Stickstoff-
atoms, sodass **46** keine intramolekulare nucleophile Substitution eingehen kann, die
zum Aziridin führen würde.

Um diesen Reaktionspfad auszuschließen und gleichzeitig Naphthylethylamin
einsetzen zu können wurde das entsprechende Bromoderivat von **46** hergestellt, was
den weiteren Vorteil birgt, dass auf den Einsatz von gasförmigem HCl verzichtet
werden kann.

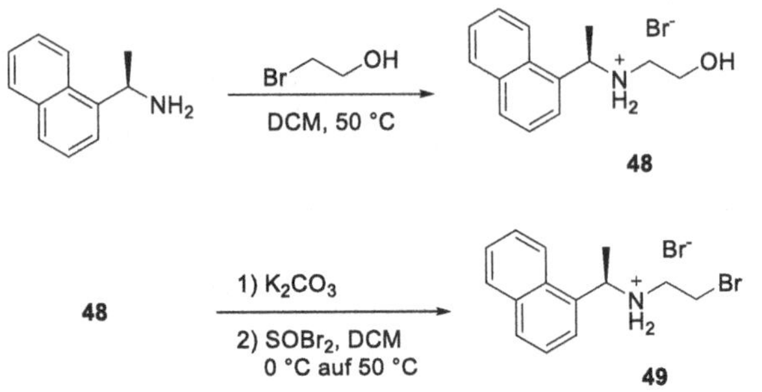

Schema 17. Synthese des Bromoethylammoniumbromids **49**.

Dazu wurde Naphthylethylamin mit 1.2 Äquivalenten 2-Bromoethanol in Dichlormethan bei 50 °C umgesetzt. Das Ammoniumsalz **48** fiel über Nacht als weißer Feststoff in 88%iger Ausbeute aus. Aufgrund der einfachen Handhabbarkeit wurde das Salz isoliert und charakterisiert und erst im nächsten Reaktionsschritt *in situ* deprotoniert. Die Reaktion mit 1.4 Äquivalenten Thionylbromid in Dichlormethan ergab sauber das Bromid **49**, welches wiederum über Nacht als weißer Feststoff in 69%iger Ausbeute auskristallisierte. Durch NMR Charakterisierung konnte die Struktur bestätigt werden, ESI-MS zeigte keinerlei Anzeichen für die Bildung des Aziridins.

Für die Cyclisierung wurden die Bedingungen analog zu den Diaminen **37a-c** angewandt. Zusätzlich wurde ein Äquivalent Amin zugefügt. Die bekannte Verbindung **L14b**·HBF$_4$ sollte zur Überprüfung der Reaktion dienen.

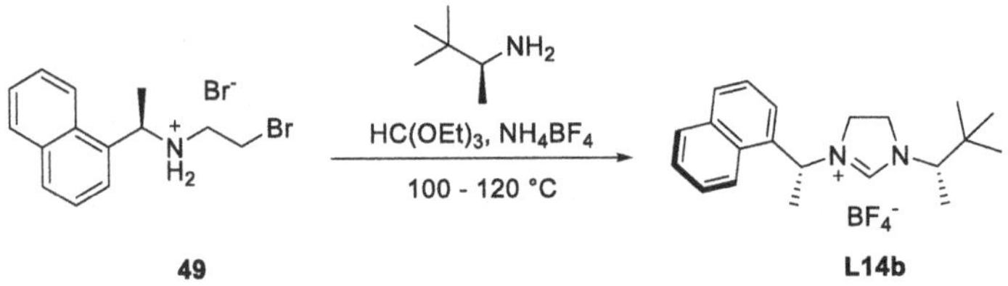

Schema 18. Synthese des Imidazolidiniumsalzes **L14b** aus (*R*)-2-Bromo-*N*-(1-naphthylethyl)ethanaminiumbromid **49**.

Nach dem Rühren der Reaktionsmischung bei 100 °C über Nacht zeigte die DC-Reaktionskontrolle eine Vielzahl von Substanzen. Weiteres Rühren bei 120 °C ergab keine sichtbare Veränderung. Beim Versuch das Produkt mit Diethylether auszufällen bildete sich zunächst eine weiße Trübung, der Feststoff wurde allerdings sofort zu einem gelben Öl. Durch Flash-Chromatographie konnte **L14b**·HBF$_4$ in

18%iger Ausbeute isoliert werden, es enthielt dabei jedoch noch kleine Mengen einer Verunreinigung, die das Kristallisieren des Salzes verhinderten.

Möglicherweise verhindert die Anwesenheit von zwei Äquivalenten Bromid in der Reaktionsmischung die selektive Bildung des Tetrafluoroboratsalzes. Die Mischung aus Imidazolidiniumbromid sowie –tetrafluoroborat ist vermutlich schwer zu trennen und kann schlecht kristallisieren. Die Reaktion von **49** zu Imidazolidiniumsalzen sollte optimiert werden, auch im Hinblick auf das eingesetzt Anion. Eventuell ist es sinnvoller zunächst das Bromidsalz zu erzeugen, welches dann einfach und schnell durch Anionentausch in ein anderes Salz überführt werden kann. Grundsätzlich scheint die Methode jedoch praktikabel zu sein um schnell neue unsymmetrische Carbenvorläufer herzustellen.

2.5 Anwendung der unsymmetrischen NHCs in der Ru-katalysierten asymmetrischen Hydrierung aromatischer Verbindungen

Die in Kapitel 2.2 und 2.3 synthetisierten Carbenvorläufer wurden als Liganden für die Ru-katalysierte asymmetrische Hydrierung verschiedener Substrate getestet. Dabei wurden zum einen solche Substrate getestet, die mit Ru(SINpEt)$_2$ erfolgreich hydriert werden können um zu sehen ob analoge Reaktivität erzielt werden kann. Zum anderen wurden Substrate eingesetzt, die von Ru(SINpEt)$_2$ gar nicht oder nur mit schlechter Stereoselektivität hydriert werden können um neue Reaktivitäten aufzudecken.

L13 wurde in der Hydrierung von 3'-Methylacetophenon, *trans*-α-Methylstilben, 2-Phenylbenzofuran, 2-Methylchinolin und 2-Phenylpyrrol getestet (Tabelle 3). Dabei wurde der Ru-NHC Komplex *in situ* erzeugt und nicht vorgerührt. Als Lösungsmittel wurde Toluol gewählt, da es für den Ru(SINpEt)$_2$ Komplex gute Reaktivität und Selektivität zeigte, und gute Löslichkeit der Substrate gewährleistet. Die Reaktionen wurden unter 80 bar Wasserstoffdruck und 50 °C für 16 h gerührt.

Das eingesetzte Acetophenonderivat sollte dazu dienen die Fähigkeit des Komplexes in der Ketonhydrierung zu untersuchen. GC-MS Analyse der Mischung nach der Reaktion zeigte eine Mischung aus Startmaterial und drei Produkten. Die Produkte wurden nicht isoliert, doch auf Basis des Massenspektrums wurde eines als der entsprechende Alkohol identifiziert, ein weiteres als überreduziertes Cyclohexylderivat. Das dritte Produkt konnte nicht identifiziert werden.

Tabelle 3. Ligandenscreening für **L13**.

$$\text{Substrat} \xrightarrow{\begin{array}{c}[Ru(\eta^3\text{-Me-Allyl})_2(COD)]\\ \textbf{L13}\cdot HCl,\ KOtBu,\ Toluol,\ H_2\end{array}} \text{Produkt}^1 + \text{Produkt}^2$$

Eintrag	Substrat	Startmaterial verbleibend?	Produkt[1]	Produkt[2]
1		ja		[a]
2		nein	[b]	-
3		ja		
4		nein		-
5		ja	-	-

Reaktionsbedingungen: [Ru(η³-Me-Allyl)₂(COD)] (0.0075 mmol), **L13**·HCl (0.015 mmol), KOtBu (0.015 mmol), Substrat (0.075 mmol), 1 mL Toluol, 80 bar H₂, 50 °C, 16 h. [a] Ein weiteres nicht identifiziertes Produkt wurde erhalten. [b] Das Produkt wurde als Racemat erhalten.

Eine saubere Reaktion wurde für das Stilben beobachtet. Dieses reagierte quantitativ zur entsprechenden gesättigten Verbindung. Chirale HPLC Analyse zeigte jedoch, dass sich das Racemat gebildet hatte.

2-Phenylbenzofuran konnte nicht quantitativ umgesetzt werden, und das gewünschte Produkt bildete sich nur in Spuren. Im Hauptprodukt war zusätzlich der Phenylsubstituent hydriert worden.

Im 2-Methylchinolin wurde der Carbocyclus mit quantitativem Umsatz hydriert. Aufgrund fehlender Substituenten ist das Produkt jedoch achiral.

2-Phenylpyrrol reagierte unter den Reaktionsbedingungen gar nicht.

Die Ergebnisse deuten darauf hin, dass sich unter den gegebenen Bedingungen reaktive Nanopartikel bilden könnten und die Reaktion heterogen abläuft. Vor allem die geringe Selektivität (Tabelle 3, Eintrag 1 und 3), sehr hohe Reaktivität und die Bildung des cyclohexylsubstituierten Dihydrobenzofurans lassen darauf schließen. So ist es denkbar, dass das Substrat mit dem Sauerstoffatom an eine Oberfläche koordiniert und somit den Phenylsubstituenten optimal ausrichtet um hydriert zu werden. Ob homogen oder heterogen, der Ligand **L13** scheint nicht für effektive selektive asymmetrische Hydrierungen geeignet zu sein.

L14a wurde dem gleichen Ligandenscreening unterzogen. Auch hier zeigte sich geringe Selektivität bei der Hydrierung von 3'-Methylacetophenon. Für das Stilben kam es sogar zu leichter Überreaktion und teilweise Hydrierung eines Phenylringes, was auch beim 2-Phenylbenzofuran und 2-Phenylpyrrol zu beobachten war. Wurde der Komplex jedoch über Nacht bei 70 °C vorgerührt, konnte unter ansonsten identischen Bedingungen 2-Phenylbenzofuran teilweise zum Dihydrobenzofuran mit 80:20 e.r. hydriert werden. Die Reaktion lieferte noch einige unerwünschte Nebenprodukte. Der Wechsel von Toluol zu Hexan als Lösungsmittel erhöhte die Selektivität signifikant und konnte auch den e.r. auf 85:15 steigern. Das Vorrühren des Komplexes führt zu einer tiefroten Lösung, die unter Luftabschluss über mehrere Wochen stabil ist, bei Luftkontakt jedoch spontan eine bräunlich schwarze Farbe annimmt. Im ESI-MS konnten Signale mit der Masse des erwarteten Ru(NHC)$_2$ Komplexes beobachtet werden.

Zwar sind die erreichten Enantioselektivitäten durchweg niedriger als mit dem Ru(SINpEt)$_2$ Komplex, jedoch aussichtsreich genug um weitere Substrate zu testen (Tabelle 4). Neben 2-Phenylbenzofuran wurden mit dem 6-Methyl-2,3-diphenyl-chinoxalin und 2-*Para*-fluorophenyl-5-methylfuran zwei weitere mit Ru(SINpEt)$_2$ erfolgreich asymmetrisch hydrierte Substrate eingesetzt. Der e.r. für das Benzofuran ist wie oben beschrieben in *n*-Hexan mit 85:15 bei **L14a** gegenüber 99:1 bei SINpEt deutlich niedriger. Die Enantioselektivitätsdifferenz beim Chinoxalin ist mit 83:17 gegenüber 94:6 etwas geringer, allerdings immer noch signifikant. Die Stereoselektivität des Furanderivats ist mit 83.5:16.5 e.r. bei **L14a** gegenüber 88.5:11.5 bei SINpEt nur leicht schlechter. Die Diastereoselektivität, die mit **L14a** erzielt wird liegt mit einem d.r. von über 20:1 jedoch deutlich über dem, der mit SINpEt erzielt wurde (4.5:1). Das stellt den ersten Fall dar, in dem ein anderer Ligand als SINpEt zumindest teilweise bessere Ergebnisse in der asymmetrischen Hydrierung von Arenen liefern kann.

Tabelle 4. Ligandenscreening für **L14a**.

$$\text{Substrat} \xrightarrow[\text{L14a·HBF}_4\text{, KO}t\text{Bu, }n\text{-Hexan, H}_2]{[\text{Ru}(\eta^3\text{-Me-Allyl})_2(\text{COD})]} \text{Produkt}$$

Substrat	Produkt		Substrat	Produkt
(Benzofuran-2-Ph)	(Dihydrobenzofuran-2-Ph) 85:15 e.r.		(N-Bn pyridinium, Br⁻, 2-Ph)	(Pyridin 2-Ph) [c]
(Methyl-quinoxalin N,N-Ph,Ph)	(Tetrahydro N,N-Ph,Ph) [a] 83:17 e.r.		(N-Bn dimethylpyridinium, BF₄⁻)	- [c]
(F-phenyl-furan-methyl)	(F-phenyl-tetrahydrofuran-methyl) 83.5:16.5 e.r. >20:1 d.r.		(Methylpyridinon)	(Methylpiperidinon) 53.5:46.5 e.r.
(Phenylpyrazin)	(F₃C-CO-N-piperazin-N-CO-CF₃, Ph) [a,b] 70:30 e.r.			

Standardreaktionsbedingungen: [Ru(η^3-Me-Allyl)$_2$(COD)] (0.015 mmol), **L14a·HBF$_4$** (0.030 mmol) und KOtBu (0.030 mmol) wurden für 16 h bei 70 °C gerührt und zum Substrat gegeben. Die Hydrierung wurde bei 100 bar und 50 °C durchgeführt. [a] Hydrierung bei 25 °C durchgeführt. [b] Das Produkt wurde zur einfacheren Analytik in das Bis-(trifluoroacetyl)-diamid überführt. [c] Hydrierung bei 80 bar Wasserstoffdruck durchgeführt.

Ebenfalls interessant ist die Hydrierung von Phenylpyrazin. Bislang ist nur ein Beispiel asymmetrischer Hydrierung von Pyrazinen bekannt, bei dem Stereoselektivität und vor allem Substratbreite großes Verbesserungspotential besitzen (Schema 7).[73] Unter Verwendung von **L14a** als Ligand konnte Phenylpyrazin bei 25 °C unter 100 bar Wasserstoffdruck mit 70:30 e.r. erfolgreich hydriert werden. Zur besseren Analytik des Reaktionsproduktes wurde dieses mit Trifluoressigsäureanhydrid (TFAA) in das entsprechende Diamid überführt.

Das *N*-Benzyl-2-phenylpyridiniumbromid wurde unter den Reaktionsbedingungen lediglich debenzyliert, 2-Phenylpyridin und Benzylbromid wurden nach der Reaktion gefunden.

Das disubstituierte *N*-Benzyl-2,5-dimethylpyridiniumtetrafluoroborat reagierte überhaupt nicht.

N-Methyl-6-methylpyridone konnte bei 25 °C unter 100 bar Wasserstoffdruck quantitativ hydriert werden. Der e.r. betrug jedoch lediglich 53.5:46.5 und das Produkt ist damit annähernd racemisch.

Aufgrund der durchaus aussichtsreichen Ergebnisse mit **L14a** wurde das andere Diastereomer **L14b** synthetisiert und getestet. Von *N*-adamantylsubstituierten NHCs ist bekannt, dass diese ähnlich wie in der Molekülstruktur von Ru(SINpEt)$_2$ beobachtet (Schema 9) CH-Aktivierungen in Ru-Komplexen eingehen, weswegen auch **L14c** als Ligandenkandidat ausgewählt wurde.[111] Die Komplexe wurden wie zuvor in *n*-Hexan bei 70 °C für 16 h vorgerührt was jeweils zu tiefbraunen Lösungen führte. Im ESI-MS konnten in beiden Fällen Signale mit der für die Ru(NHC)$_2$ erwarteten Massen beobachtet werden.

Der Ru(**L14b**)$_2$-Komplex wurde außerdem NMR-spektroskopisch untersucht. Tieftemperaturmessungen brachten dabei im Gegensatz zum Ru(SINpEt)$_2$-Komplex keinen entscheidenden Vorteil gegenüber bei Raumtemperatur aufgenommenen Spektren, was auf eine geringe Dynamik innerhalb der Verbindung schließen lässt. Tatsächlich deuten die bisherigen Ergebnisse der Auswertung von ^{1}H-, ^{13}C-, DEPT, und geeigneten 2D-Spektren auf eine η^4-Koordination eines Sechsringes einer Naphthylgruppe und mindestens eine CH-Aktivierung, möglicherweise an einer Methylgruppe hin. Die genaue Struktur konnte zwar noch nicht aufgeklärt werden, doch die erhofften strukturellen Ähnlichkeiten mit dem Ru(SINpEt)$_2$-Komplex scheinen vorhanden zu sein. Ein zur Einkristallröntgenstrukturanalyse geeigneter Kristall wäre zur Strukturaufklärung enorm hilfreich und Versuche zur Kristallisation wurden bereits unternommen. Die Oxidationsempfindlichkeit sowie die gute Löslichkeit des Komplexes erschweren das Vorhaben jedoch. Die Wahl des Designs der synthetisierten NHCs und die wesentliche Rolle der Naphthylethylgruppe scheint sich jedoch mit den bisherigen Ergebnissen zu bestätigen.

Wegen der unbefriedigenden Ergebnisse der bisherigen Standardtestsubstrate in den vorherigen Reaktionen, auch von anderen Mitarbeitern bei dem Screening anderer NHCs, wurde zunächst eine andere Reihe von Substraten getestet (Tabelle 5).

Tabelle 5. Ligandenscreening für **L14b-c**.

$$\text{Substrat} \xrightarrow[\text{L14·HBF}_4,\ \text{KO}t\text{Bu},\ n\text{-Hexan, H}_2]{[\text{Ru}(\eta^3\text{-Me-Allyl})_2(\text{COD})]} \text{Produkt}$$

Substrat	Produkt	Ligand	e.r.
		L14b **L14c**	75:25 n.b.[a]
		L14b **L14c**	69:31 rac.
		L14b **L14c**	84:16 n.b.[b]

Reaktionsbedingungen: [Ru(η^3-Me-Allyl)$_2$(COD)] (0.015 mmol), **L14a**·HBF$_4$ (0.030 mmol) und KOtBu (0.030 mmol) wurden für 16 h bei 70 °C gerührt und zum Substrat gegeben. Die Hydrierung wurde bei 80 bar und 40 °C durchgeführt. Alle Reaktionen verliefen quantitativ außer die angegebenen. [a] Enthält hauptsächlich überreduziertes Produkt. [b] Keine Reaktion.

Während die Hydrierung mit dem adamantylsubstituierten Liganden **L14c** im Falle des 2-Phenylbenzofurans hauptsächlich zu überreduziertem Produkt führte, was auf eine Zersetzung des Ru-Komplexes hindeutet, konnte der Ru(**L14b**)$_2$-Komplex das Substrat bei 40 °C unter 80 bar Wasserstoffdruck quantitativ mit 75:25 e.r. zum gewünschten Dihydrobenzofuran hydrieren. Interessanterweise ist die Stereoselektivität schlechter als im Falle des anderen Diastereomers **L14a**. Für die anderen Substrate wurde das Gegenteil beobachtet. Bei der Hydrierung des Pyridons konnte der e.r. auf 69:31 gesteigert werden, beim Phenylpyrazin auf 84:16. Beide Reaktionen verliefen quantitativ. Unter Verwendung von **L14c** konnte das Pyridon zwar ebenfalls quantitativ umgesetzt werden, das erhaltene Piperidinon war jedoch racemisch. Im Falle des Phenylpyrazins konnte keine Reaktion beobachtet werden. Der sich höchstwahrscheinlich bildende Ru(**L14c**)$_2$-Komplex ist entweder kein effektiver bzw. stereoselektiver Hydrierkatalysator oder unter Hydrierbedingungen nicht stabil.

Die mit **L14b** erzielten Ergebnisse hingegen sind vor allem in Hinblick auf die asymmetrische Hydrierung von Pyrazinen aussichtsreich. Die Stereoselektivität bei der Umsetzung von Pyridonen konnte durch Verringern der Temperatur von 40 °C auf 25 °C nicht verbessert werden

3 Asymmetrische Hydrierung von Pyrazinen

3.1 Zielsetzung

Gesättigte Stickstoffheterocyclen sind allgegenwärtig in Naturstoffen und Medikamenten.[112] Insbesondere das Piperazin-Motiv findet sich in einer Reihe von Wirkstoffen wieder und gilt in der Medzinalchemie als privilegierte Struktur.[113] Die Piperazingruppe kann an viele biologische Rezeptoren mit hoher Affinität binden, die polaren Stickstoffatome spielen dabei eine wichtige Rolle, denn sie helfen bei der Interaktion mit biologischen Makromolekülen.[114] Dies führt zu einer Vielfalt an biologischen Aktivitäten, die für piperazinbeinhaltende Wirkstoffe nachgewiesen werden konnten. Dabei trägt der Großteil der Verbindungen keine Substituenten an den Kohlenstoffatomen des Piperazinringes. Jedoch ist auch eine Vielzahl von C-substituierten biologisch aktiven Piperazinen bekannt, viele davon tragen ein Chiralitätszentrum (Abbildung 16).

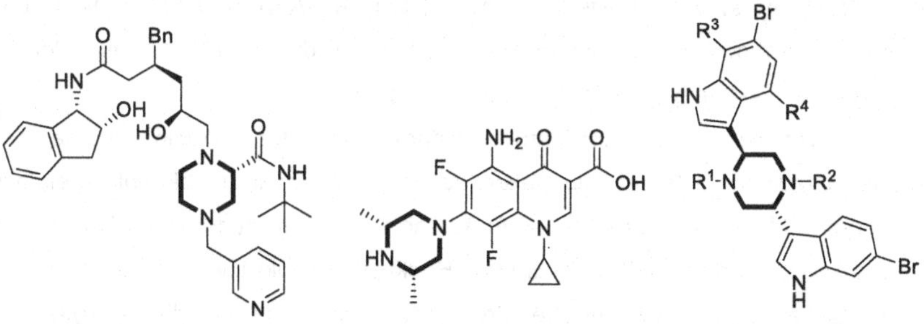

Indinavir   Sparfloxacin   Dragmacidin A-C

Abbildung 16: Beispiele biologisch aktiver, C-substituierter und chiraler Piperazinderivate.

Im Gegensatz zur Bedeutung chiraler Piperazine gerade für die Medizinalchemie sind effektive Synthesen dieser Verbindungsklasse rar. Typischerweise werden chirale Piperazine durch Reduktion chiraler Mono- und Diketopiperazine hergestellt,[115,116] welche ihrerseits aus chiralen Bausteinen wie Aminosäuren oder über diastereoselektive Synthese mittels chiraler Auxiliare gewonnen werden. Diese Methode birgt offensichtliche Nachteile wie lange Syntheserouten, Abhängigkeit von geeigneten Bausteinen aus chiralen Pools, oder das Anbringen und Entfernen von chiralen Auxiliaren. Eine neuere Methode zur Darstellung von cis-2,5-disubstituierten Piperazinen stellt die Öffnung chiraler N-Tosyl Aziridine dar.[117,118] Auch hier wird auf Ausgangsmaterialien aus dem chiralen Pool der Aminosäuren zurückgegriffen, was die maximale Substratbreite vorgibt. Aber auch wenn man davon ausgeht, dass chirale Aziridine mittlerweile auf andere Arten zugänglich sind,[119,120] ist ein direkterer und enantioselektiver Zugang zu chiralen Piperazinen erstrebenswert.

Die asymmetrische katalytische Hydrierung von Pyrazinen würde eine solche Methode darstellen. Die aromatische Natur der Verbindungen macht die Funktionalisierung von Pyrazinen vor allem mit übergangsmetallkatalysierten Methoden sehr einfach.[121] Durch Hydrierung erhaltene freie Piperazine wären außerdem leicht am Stickstoff substituierbar, was die Diversifizierung bzw. den Einbau in größere Moleküle ermöglicht.

3.2 Optimierung der Reaktionsbedingungen für die asymmetrische Hydrierung von Pyrazinen

3.2.1 Allgemeines

Das Katalysatorsystem bestehend aus [Ru(η^3-Me-Allyl)$_2$(COD)], KOtBu und **L14b**·HBF$_4$ ermöglichte in einem ersten Versuch die direkte enantioselektive Hydrierung von 2-Phenylpyrazin mit einem e.r. von 84:16.

Für die Optimierung der Hydrierung monosubstituierter Pyrazine wurde das 2-Phenylpyrazin als Substrat beibehalten, da es durch Suzuki-Kreuzkupplung einfach und in großen Mengen zugänglich ist. Außerdem gewährleistet der Phenylsubstituent ein ausreichend großes π-System um das Reaktionsprodukt über UV-Spektroskopie zu identifizieren. Das racemische Produkt als Referenz für die Analyse der Enantioselektivität mittels chiraler HPLC wurde mit dem Katalysatorsystem bestehend aus [Ru(η^3-Me-Allyl)$_2$(COD)], KOtBu und ICy·HCl synthetisiert.

Lässt man die Variation des Katalysators sowie die Zugabe von Additiven außen vor, gibt es für die zu optimierende Reaktion drei Hauptparameter, die Umsatz und Stereoselektivität beeinflussen können: Temperatur, Wasserstoffdruck und Lösungsmittel. Diese Parameter wurden nacheinander optimiert.

3.2.2 Variation der Temperatur

Da die erreichte Enantioselektivität einer Transformation mitunter maßgeblich durch die Energiedifferenz der Übergangszustände, die zum jeweiligen Enantiomer führen, bestimmt wird, ist die Wahl der richtigen Temperatur entscheidend. Höhere Temperaturen können dazu führen, dass vermehrt auch energetisch höher liegende Übergangszustände überwunden werden können, was zu geringerer Selektivität führt. Andererseits reicht die kinetische Energie ab einer bestimmten Temperatur nicht mehr aus um die Reaktion überhaupt noch ablaufen zu lassen. Tabelle 6 fasst die Versuche zur Optimierung der Reaktionstemperatur zusammen.

Tabelle 6. Versuche zur Optimierung der Reaktionstemperatur.

Temperatur	Umsatz[a]	Ausbeute[b]	e.r.
40 °C	97 %	n.b.	84:16
25 °C	97 %	77 %	86:14
0 °C[c]	25 %	n.b.	n.b.

Standardreaktionsbedingungen: [Ru(η^3-Me-Allyl)$_2$(COD)] (0.015 mmol), **L14b**·HBF$_4$ (0.030 mmol) und KOtBu (0.030 mmol) wurden für 16 h bei 70 °C gerührt und zum Substrat (0.30 mmol) gegeben. Die Hydrierung wurde bei 80 bar der angegebenen Temperatur durchgeführt. [a] Über ^{1}H-NMR Spektren der Reaktionsmischung bestimmt. [b] Isolierte Ausbeute. [c] Reaktion bei 120 bar durchgeführt.

Wie erwartet verbessert sich die Enantioselektivität mit Verringerung der Temperatur von 40 °C auf 25 °C. Allerdings ist die Steigerung des e.r. von 84:16 auf 86:14 nur sehr gering. Die Reaktivität bleibt jedoch erhalten. Die Umsätze wurden anhand der ^{1}H-NMR Spektren der Reaktionslösung mit zusätzlich einem Äquivalent Dibrommethan als internem Standard bestimmt.

Der Umsatz der bei 0 °C durchgeführten Reaktion beträgt selbst nach vier Tagen Reaktionszeit bei 120 bar Wasserstoffdruck lediglich 25%. Nach der Zugabe von TFAA und einer katalytischen Menge Pyridin um etwaiges Produkt in das leichter analysierbare Diamid zu überführen, konnte kein Produkt detektiert werden. Die optimale Reaktionstemperatur im Rahmen des Screenings liegt demnach bei 25 °C.

3.2.3 Variation des Wasserstoffdrucks

Es ist bekannt, dass der Gasdruck einer Reaktionskomponente wie zum Beispiel Kohlenstoffmonoxid in Hydroformylierungen oder Wasserstoff in Hydrierungen einen mitunter signifikanten Effekt auf die Enantioselektivität der Reaktion haben kann.[122] Detaillierte theoretische und experimentelle Studien deuten auf verschiedene Gründe dafür hin.[123] In dem von Halpern und Landis untersuchten Fall der Hydrierung von α-Acylaminoacrylsäurederivaten mit [Rh(dipamp)]$^+$ folgerten die Autoren, dass die Abhängigkeit der Enantioselektivität vom Wasserstoffdruck auf die jeweils unterschiedlichen Reaktionskinetiken der jeweiligen zu (R)- und (S)-Produkt führenden Intermediate mit H$_2$ zurückzuführen ist (Schema 19).[124]

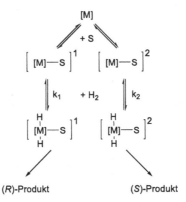

Schema 19. Schematische Darstellung zur Erklärung der Abhängigkeit der Enantioselektivität vom Wasserstoffdruck in der katalytischen Hydrierung, wenn die Geschwindigkeitskonstanten k$_1$ und k$_2$ unterschiedlich stark von p(H$_2$) abhängen. S = Substrat.

Blackmond et al. konnten außerdem zeigen, dass für die Hydrierung vor allem der Massentranfer von gasförmigem H$_2$ in Lösung bzw. die Konzentration von H$_2$ in Lösung und nicht der Druck an sich die eigentliche kritische Größe ist.[125] Bestmögliche Durchmischung bei der Reaktionsführung sollte daher gewährleistet sein.

In Tabelle 7 sind die Ergebnisse der Untersuchung zur Wasserstoffdruckabhängigkeit des Enantiomerenüberschusses dargestellt.

Der bei 80 bar und 25 °C erreichte e.r. von 86:14 konnte bei Erhöhung des Drucks tatsächlich auf 120 bar um zwei Punkte auf 88:12 gesteigert werden. Eine weitere Erhöhung um 30 bar auf 150 bar brachte jedoch keine signifikante Veränderung mit sich.

Tabelle 7. Versuche zur Optimierung des Wasserstoffdruckes.

p(H$_2$)	Umsatz[a]	Ausbeute[b]	e.r.
80 bar	97 %	77 %	86:14
120 bar	97 %	74 %	88:12
150 bar	97 %	80 %	87.5:12.5

Standardreaktionsbedingungen: [Ru(η^3-Me-Allyl)$_2$(COD)] (0.015 mmol), **L14b**·HBF$_4$ (0.030 mmol) und KOtBu (0.030 mmol) wurden für 16 h bei 70 °C gerührt und zum Substrat (0.30 mmol) gegeben. Die Hydrierung wurde bei 25 °C und dem angegebenen Wasserstoffdruck durchgeführt. [a] Über ^{1}H-NMR Spektren der Reaktionsmischung bestimmt. [b] Isolierte Ausbeute.

An den Umsätzen änderte sich wie erwartet nichts, die isolierten Ausbeuten variierten leicht vermutlich aufgrund praktischer Ungleichmäßigkeiten bei der Derivatisierung und Aufarbeitung der Produkte.

Neben der leichten Verbesserung des e.r. auf 88:12 bietet die Tatsache, dass der Enantiomerenüberschuss druckabhängig ist auch einen Rückschluss auf den Reaktionsmechanismus. Wird die Erklärung von Halpern und Landis zugrunde gelegt, so muss im vorliegenden Fall ein Reaktionsschritt nach der Substrat-assoziation stattfinden, der elementaren Wasserstoff beinhaltet, vermutlich eine oxidative Addition von H$_2$.[124]

3.2.4 Variation des Lösungsmittels

Das Lösungsmittel kann mitunter signifikante Unterschiede vor allem bei der Effektivität aber auch bei der Selektivität einer Reaktion machen. Dabei kann die Löslichkeit der Reaktionskomponenten eine Rolle spielen, ebenso wie die Stabilisierung etwaiger Intermediate. Ein genaues Verständnis oder verlässliche Vorhersagen sind allerdings für wenige Reaktionen verfügbar. Daher bietet sich in den meisten Fällen ein möglichst breites Screening verschiedener Lösungsmittel an, im vorliegenden Fall dienten die Untersuchungen zur Ru(SINpEt)$_2$-katalysierten asymmetrischen Hydrierung von Furanen als Orientierung.[106]

Tabelle 8. Versuche zur Optimierung des Lösungsmittels.

Lösungsmittel	Umsatz[a]	Ausbeute[a]	e.r.
n-Hexan	97 %	74 %[b]	88:12
Toluol	20 %	10%	85:15
t-AmylOH	40 %	10 %	91:9
PhCF$_3$	80 %	30 %	86:14
DME	40 %	25 %	87:13
Cyclohexan	98 %	90 %	90:10
Et$_2$O	97 %	60 %	89:11

Standardreaktionsbedingungen: [Ru(η^3-Me-Allyl)$_2$(COD)] (0.015 mmol), **L14b**·HBF$_4$ (0.030 mmol) und KOtBu (0.030 mmol) wurden für 16 h bei 70 °C gerührt, das Lösungsmittel getauscht und anschließend zum Substrat (0.30 mmol) gegeben. Die Hydrierung wurde bei 25 °C und 120 bar Wasserstoffdruck durchgeführt. [a] Über ^{1}H-NMR Spektren der Reaktionsmischung bestimmt. [b] Isolierte Ausbeute.

Der Katalysatorkomplex wurde dazu weiterhin in n-Hexan vorgeformt, das Lösungsmittel anschließend *in vacuo* entfernt und die Lösung zum Substrat gegeben.

In Toluol wurde das Piperazin mit 85:15 e.r. in etwas geringerer Enantioselektivität als in n-Hexan gebildet, sowohl Umsatz als auch Ausbeute waren mit 20% bzw. 10% jedoch deutlich geringer. Ebenfalls schlechte Reaktivität war in *tert*-Amylalkohol zu beobachten, das Produkt wurde bei 40% Umsatz nur zu 10% gebildet. Das Enantiomerenverhältnis lag jedoch in diesem Fall bei 91:9. α,α,α-Trifluortoluol konnte zwar Umsatz und Ausbeute gegenüber den beiden vorherigen Lösungsmitteln leicht verbessern, der e.r. betrug jedoch wiederum nur 86:14. Ähnlich schlechte Ergebnisse wurden in Dimethoxyethan erhalten, der e.r. betrug zwar immerhin 87:13, Umsatz und Ausbeute waren lagen allerdings bei 40% bzw. 25%. In Cyclohexan wurden 90% Produkt bei 98% Umsatz beobachtet und die Enantioselektivität war mit 90:10 e.r. ebenfalls besser als im Fall von n-Hexan. Auch Diethylether lieferte einen guten e.r. von 89:11, jedoch auch hier unter Verlust der Reaktivität.

Zusammenfassend zeigt sich der Trend, dass unpolare Lösungsmittel einen positiven Effekt auf die Reaktivität des Systems haben. Gleichzeitig scheinen sich die beiden aromatischen Verbindungen anders zu verhalten. Obwohl das α,α,α-Trifluortoluol ein wesentlich höheres Dipolmoment als Toluol besitzt wird in diesem Lösungsmittel deutlich erhöhte Reaktivität beobachtet.

Betrachtet man die gefundenen Enantiomerenverhältnisse, so stellt man fest, dass diese erstaunlich nah beieinander liegen. Während sich der Umsatz zwischen 20% und 98% bewegte, liegen alle e.r. zwischen 85:15 und 91:9. Auch hier liefert die Reaktion in Toluol den schlechtesten Wert, ein genereller Trend ist aber nicht festzustellen. Die besten Werte werden in dem tertiären Alkohol t-AmylOH und dem gesättigten Kohlenwasserstoff Cyclohexan erreicht.

Bei der asymmetrischen Hydrierung von Furanen mit dem Ru(NHC)₂-System konnte ein synergistischer Effekt beim Einsatz von Lösungsmittelgemischen festgestellt werden.[106] Dabei konnte beim Einsatz eines Gemisches von n-Hexan und t-AmylOH im Verhältnis 1:1 ein besseres Ergebnis als beim Einsatz der jeweils reinen Lösungsmittel erzielt werden.

Tabelle 9. Versuche zur Optimierung eines Lösungsmittelgemischs.

Lösungsmittel	Umsatz[a]	Ausbeute[b]	e.r.
n-Hexan/t-AmylOH 1:1	93%	77%	80:20
Cyclohexan/t-AmylOH 1:1	95%	72%	80:20
Cyclohexan/t-AmylOH 3:1	91%	80%	84:16
Cyclohexan/t-AmylOH 1:3	95%	63%	82:18

Standardreaktionsbedingungen: [Ru(η³-Me-Allyl)₂(COD)] (0.015 mmol), **L14b**·HBF₄ (0.030 mmol) und KOtBu (0.030 mmol) wurden für 16 h bei 70 °C gerührt, das Lösungsmittel getauscht und anschließend zum Substrat (0.30 mmol) gegeben. Die Hydrierung wurde bei 25 °C und 105 bar Wasserstoffdruck durchgeführt. [a] Über ¹H-NMR Spektren der Reaktionsmischung bestimmt. [b] Isolierte Ausbeute.

In der Hoffnung einen ähnlichen positiven Effekt in der Hydrierung von Pyrazinen zu finden wurde die Reaktion in Gemischen aus n-Hexan bzw. Cyclohexan und t-AmylOH durchgeführt. Obwohl der Umsatz in jedem Fall über 90% lag und damit erheblich besser war als für reinen *t*-AmylOH mit 40%, war die Auswirkung auf die Stereoselektivität durchweg negativ. Enantiomerenverhältnisse von 80:20 bis 84:16 wurden erhalten, die alle unter den jeweiligen Werten für die reinen Lösungsmittel liegen.

Die Lösungsmitteloptimierung zeigte somit, dass Cyclohexan für die asymmetrische Hydrierung von 2-Phenylpyrazin mit Ru(**L14b**)$_2$ im Rahmen des Screenings am besten geeignet ist. Ein synergistischer Effekt von Lösungsmittelgemischen konnte nicht beobachtet werden.

Schema 20 fasst die optimierten Bedingungen zur asymmetrischen Hydrierung von 2-Phenylpyrazin zusammen.

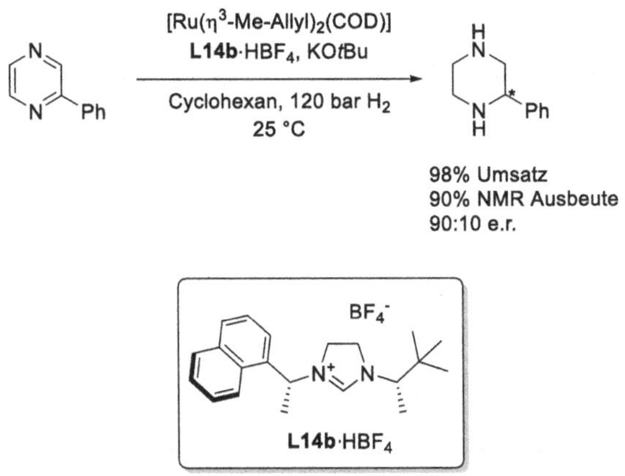

Schema 20. Ru(NHC)$_2$-katalysierte asymmetrische Hydrierung von 2-Phenylpyrazin unter optimierten Bedinungen.

4 Zusammenfassung und Ausblick

Ein rationales Ligandendesign für die Ruthenium-NHC-katalysierte asymmetrische Hydrierung (hetero-)aromatischer Verbindungen wurde entwickelt und eine Reihe von entsprechenden Carbenvorläufern wurde erfolgreich synthetisiert und charakterisiert. Dafür wurden verschiedene aus der Literatur bekannte Syntheserouten auf die Eignung und Effizienz zur Darstellung der gewünschten unsymmetrischen NHCs getestet und entsprechend modifiziert. Eine Vorschrift angelehnt an die Arbeit von Gilbertson *et al.* [110] erlaubt die Synthese verschiedener unsymmetrischer Carbenvorläufer in einem Schritt und kann dazu genutzt werden schnell eine größere Katalysatorbibliothek aufzubauen. Die Optimierung der Reaktion in Hinblick auf Selektivität und Ausbeute ist Gegenstand zukünftiger Untersuchungen.

Die synthetisierten Carbenvorläufer wurden außerdem auf ihre Eignung als Liganden in Ru-NHC-katalysierten Hydrierreaktionen getestet. Dabei wurden neue Komplexe des Typs $Ru(NHC)_2$ mittels hoch aufgelöster Massenspektrometrie nachgewiesen, die Isolierung und Charakterisierung des Komplexes $Ru(L14b)_2$ ist ein weiteres Ziel zukünftiger Arbeiten. Diese könnten auch wichtige Einblicke in den bisher noch nicht vollständig aufgeklärten Reaktionsmechanismus der Hydrierung geben.

Erstmals wurden im Rahmen dieser Arbeit NHCs gefunden, die die Effizienz von SINpEt L12 als Liganden für Hydrierungen zumindest in Teilaspekten übertreffen.

Die asymmetrische Hydrierung ungeschützter monosubstituierter Pyrazine wurde im Hinblick auf die Reaktionsbedingungen optimiert und Enantiomerenverhältnisse bis zu 91:9 konnten mit dem neuen Liganden L14b erreicht werden. Zur Verbesserung der Enantioselektivität und Ausweitung der Substratbreite des $Ru(NHC)_2$-Katalysatorsystems werden neue Carbenvorläufer auf Basis des vorgestellten Ligandendesigns synthetisiert und getestet werden.

5 Experimenteller Teil

5.1 Allgemeine Anmerkungen

5.1.1 Arbeitstechniken und Lösungsmittel

Alle Arbeiten wurden, soweit nicht anders angegeben, unter Ausschluss von Luft und Feuchtigkeit durchgeführt. Als Inertgas diente Argon, welches mit Silicagel orange, Indikator/Sorbil C (2.5 mm - 0.5 mm), getrocknet wurde. Die verwendeten Glasgeräte wurden vor Gebrauch evakuiert, mit einem Heißluftgebläse ausgeheizt und mit Schutzgas gefüllt. Verwendete Reagenzien wurden im Argon-Gegenstromprinzip oder mit Hilfe von Septen mit zuvor mit Argon gespülten PE-Einwegspritzen oder Hamilton-Spritzen zugegeben. Bei der Verwendung von Feststoffen wurde der Kolben nach der Einwaage erneut evakuiert und mit Argon begast. Reaktionstemperaturen, sofern nicht anders vermerkt, entsprechen den Temperaturen des verwendeten Heiz- oder Kühlmediums.

Die verwendeten absolutierten Lösungsmittel Dichlormethan (CH_2Cl_2, DCM), n-Hexan, Tetrahydrofuran (THF), Diethylether (Et_2O) und Toluol wurden unmittelbar vor dem Gebrauch destilliert. Dichlormethan und Toluol wurden über CaH_2 absolutiert[126] und Tetrahydrofuran über Natrium/Benzophenon getrocknet. Trockenes Acetonitril wurde unter einer Argonatmosphäre über Molekularsieb gelagert. Die für die Aufarbeitung und Chromatographie eingesetzten technischen Lösungsmittel Ethylacetat, Dichlormethan, Diethylether, Methanol und n-Pentan wurden zuvor durch Destillation von höher siedenden Verunreinigungen befreit. Cyclohexan, 1,2-Dimethoxyethan, Triethylamin wurden getrocknet und über Molekularsieb unter Argon aufbewahrt. Alle weiteren kommerziellen Reagenzien wurden direkt und ohne weitere Reinigung eingesetzt.

5.1.2 Geräte und Methoden

Die präparative säulenchromatographische Trennung erfolgte mittels Flash-Chromatographie (FC) an Kieselgel der Korngröße 40 - 63 µm der Fa. Merck als stationäre Phase bei einem Überdruck von 0.2 bis 0.4 bar. Die verwendete Zusammensetzung des Laufmittels wird als Volumenverhältnis der Komponenten angegeben.

Zur analytischen Dünnschichtchromatographie (DC) wurden DC-Aluminiumfolien mit Kieselgel 60 F_{254} der Fa. Merck verwendet. Das verwendete Laufmittel wird bei jedem Versuch gesondert angegeben. Die Detektion erfolgte durch Fluoreszenzlöschung bei einer Wellenlänge von 254 nm und/oder durch Eintauchen in ein Kaliumpermanganat-Reagenz (3.00 g $KMnO_4$, 20.0 g K_2CO_3, 0.30 g KOH auf 300 mL H_2O) mit anschließendem kurzem Erwärmen durch ein Heißluftgebläse. Luftempfindliche oder hygroskopische Substanzen wurden in einer Labstar LB10 Glovebox der Fa. MBraun unter Argon gelagert und die jeweiligen Reaktionsgefäße eingewogen. Der Sauerstoffgehalt der Atmosphäre betrug typischerweise weniger als 2 ppm.

Die Messungen der ^{1}H-NMR- und ^{1}H-Breitband-entkoppelten ^{13}C-NMR-Spektren erfolgten an den supraleitenden Multikernresonanzspektrometern AV 300 (^{1}H-Resonanz 300.1 MHz, ^{13}C-Resonanz 75.5 MHz) und AV 400 (^{1}H-Resonanz: 400.1 MHz, ^{13}C-Resonanz 100.6 MHz) der Fa. Bruker. Als Lösungsmittel wurden Deuterochloroform ($CDCl_3$), Deuteriumoxid (D_2O) und deuteriertes Dimethylsulfoxid (DMSO-d_6) verwendet. Die Aufnahme der Spektren erfolgte in Automation bei Raumtemperatur. Die Spektren wurden anschließend mit dem Programm Mestrenova, der Fa. Mestrelab Research SL, bearbeitet. Die chemischen Verschiebungen sind als δ-Werte in ppm relativ zu Tetramethylsilan angegeben. Das Restprotonensignal der verwendeten Lösungsmittel ($CDCl_3$ ^{1}H-NMR: 7.26 ppm, ^{13}C-NMR: 77.16 ppm; D_2O ^{1}H-NMR: 4.79 ppm, DMSO-d_6 ^{1}H-NMR: 2.50 ppm, ^{13}C-NMR: 39.52 ppm) wird dabei als Referenz verwendet. Die in dieser Arbeit aufgeführten Beschreibungen der Spektren geben zunächst das durchgeführte Experiment, die Messfrequenz und das Lösungsmittel an, gefolgt von der chemischen Verschiebung δ in ppm. Die Beschreibung erfolgt vom tiefen zum hohen Feld unter Angabe der chemischen Verschiebung, der Multiplizität, der Kopplungskonstanten in Hz, sowie der Anzahl der entsprechenden Protonen. Zur Angabe der Multiplizitäten wird die Signalform durch folgende Abkürzungen weiter charakterisiert: Singulett (s), Dublett (d), Triplett (t), Quartett (q), Multiplett (m). Bei breiten Signalen (b) wurde die Lage des Intensitätsmaximums angegeben.

ESI- und exakte Massenbestimmungen wurden auf dem MicroTof (Bruker Daltonics) mit Schleifeneinlass vorgenommen. Die Massenkalibrierung erfolgte unmittelbar vor der Probenmessung an Natriumformiat-Clustern. Weitere ESI-MS-Spektren wurden auf einem Quattro LCZ der Fa. Waters-Micromass mit Nanospray-Einlass gemessen, hochaufgelöste Massenspektren von Übergangsmetallkomplexen wurden auf einem

LTQ Orbitrap LTQ XL mit Nanospray-Einlass der Fa. Thermo-Fischer Scientific gemessen.

Die Infrarot-Spektroskopie wurde mit Reinsubstanzen an einem FT-IR 3100 Excalibur Series der Fa. Varian Associated mit der Golden Gate Single Reflection ATR-Einheit der Fa. Specac durchgeführt. Die Spektren wurden mit dem Programm Resolution Pro der Fa. Varian Associated ausgewertet. Die Messwerte sind als Wellenzahl (v) in [cm^{-1}] angegeben.

Die Bestimmung von Enantiomerenüberschüssen erfolgte mit einer Agilent Technologies 1200 Series HPLC mit Daicek Chemical Industires LTD Chiralcel OD-H, OJ-H oder Chiralpak AD-H, AS-H Säulen (0.46×25 cm) durch UV-Absorption. Als mobile Phase wurden isokratische Mischungen aus *n*-Hexan und *i*-PrOH verwendet. Die Retentionszeiten *t*$_R$ werden in Minuten angegeben. Die Aufnahme und Auswertung der Spektren erfolgte mit der Software MSD Chemstation der Fa. Agilent Technologies, Inc.

Zur analytischen Trennung von Enantiomeren wurden GC-Chromatogramme mit einem *Agilent Technologies* 6890N System aufgenommen. Als chirale Säulen wurden eine IVA Ivadex DMEPEBETA-086 Säule (25 m Länge, 0.25 mm Innendurchmesser, 0.25 μm Filmdicke) verwendet. Bei den verwendeten Methoden wird die Probe bei einer T$_0$ auf die Säule überführt. Angaben der Art „2_100_15_150" bezeichnen die jeweilige Messmethode und bedeuten z.B. eine Heizrate von 2 °C/min ausgehend von der Starttemperatur 60 °C bis 100 °C erreicht sind, gefolgt von einer Heizrate von 15 °C/min bis zur Temperatur von 150 °C.

GC-MS-Chromatogramme mit Elektronenstoßionisation wurden mit einem System der Fa. Agilent Technologies, Inc. bestehend aus einem GC 7890A und einem 5975C inert GCMSD (Mass Selective Detector) aufgenommen. Es wurde eine HP-5MS Säule (30 m Länge, 0.32 mm Innendurchmesser, 0.25 μm Filmdicke) der Fa. J & W 38 Scientific verwendet. Angaben der Art „50_20" bezeichnen die jeweilige Messmethode und bedeuten z. B. eine Starttemperatur von 50 °C für ein Plateau von 3.5 min, 20 °C/min Aufheizrate und eine Endtemperatur von 280 °C für 3.5 min. Die Aufnahme und Auswertung der Spektren erfolgte mit der Software MSD Chemstation der Fa. Agilent Technologies, Inc.

Geeignete Einkristalle zu röntgenographischen Untersuchungen wurden in der Röntgenabteilung des Organisch-Chemischen Instituts der Universität Münster gemessen. Die Datensätze wurden entweder mit einem Enraf-Nonius CAD4- oder einem Nonius KappaCCDDiffraktometer gesammelt, das letztere war mit einem Drehanodengenerator Nonius FR591 ausgerüstet. Als Software wurde benutzt: Datensammlung EXPRESS (Nonius B.V., 1994) und COLLECT (Nonius B.V., 1998), Datenreduktion MolEN (K. Fair, Enraf- Nonius B.V., 1990) und Denzo-SMN77Absorptionskorrektur der CCD-Daten SORTAV78 Strukturlösung SHELXS-9779 Strukturverfeinerung SHELXL-97 (G.M. Sheldrick, Universität Göttingen, 1997), Zeichnungen Diamond 3.2c (Crystal Impact GbR, Bonn 2009). Details der Messungen sind dem Anhang zu entnehmen.

Theoretische Rechnungen wurden mit dem Programm Chem3D® Pro der Fa. CambridgeSoft unter Verwendung eines MM2-Kreftfelds durchgeführt.

5.2 Versuchsvorschriften

5.2.1 Synthese von NHCs durch Multikomponentenreaktion

N-di*iso*-propylphenyl,N'-(R)-naphthylethylimidazoliumchlorid L13·HCl

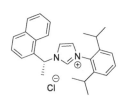

Nach einer modifizierten Vorschrift von Mauduit *et al.*[45] wurden 2,6-Di*iso*-propylanilin (566 µL, 3.0 mmol, 1.0 eq.) und (R)-Naphthylethylamin (481 µL, 3.0 mmol, 1.0 eq.) in Essigsäure (772 µL, 13.5 mmol, 4.5 eq.) gelöst und 5 min bei 40 °C gerührt. In einem anderen Reaktionsgefäß wurden Glyoxal (40 wt% in H_2O, 435 µL, 3.0 mmol, 1.0 eq.),

Formaldehyd (37 wt% in H_2O, 244 µL, 3.0 mmol, 1.0 eq.) und Essigsäure (772 µL, 13.5 mmol, 4.5 eq.) gemischt und 5 min bei 40 °C gerührt. Die beiden Mischungen wurden vereinigt und 10 min bei 40 °C gerührt. Dichlormethan (5 mL) wurde zugegeben, die Phasen separiert und die wässrige Phase mit Dichlormethan extrahiert. Die vereinigten organischen Phasen wurden über $MgSO_4$ getrocknet, gefiltert und das Lösungsmittel entfernt. Die Titelverbindung wurde durch Flash-Chromatographie (Silicagel, DCM/MeOH 92:8) als gelber schaumiger Feststoff in 17%iger Ausbeute (73 mg, 0.17 mmol) erhalten.

R_f (DCM/MeOH 9:1): 0.2-0.3 (konzentrationsabhängig); **¹H-NMR (300 MHz, CDCl₃):** 10.58 (s, 1H), 8.30 (m, 1H), 7.87-7.70 (m, 4H), 7.58 (m, 1H), 7.48-7.39 (m, 4H), 7.17 (m, 2H), 7.08 (m, 1H), 2.15 (d, 3H, J = 6.5 Hz), 2.13-1.97 (m, 2H), 1.12 (d, 3H, J = 7.0 Hz), 1.05 (d, 3H, J = 7.0 Hz), 1.00 (d, 3H, J = 7.0 Hz), 0.93 (d, 3H, J = 7.0 Hz); **ESI-MS:** berechnet: [$C_{27}H_{31}N_2^+$]: 383.2482, gefunden: 383.2477.

5.2.2 Synthese von NHCs nach der Kotschy-Methode[107]

Synthese der Amine:

Pentan-3-aminhydrochlorid

NH₃Cl   Nach einer modifizierten von Williamson *et al.*[127] wurden 3-Pentanon (528 µL, 5.0 mmol, 1.0 eq.), Ammoniak (7 M Lösung in EtOH, 3.5 mL, 25 mmol, 5 eq.) und Titan*iso*-propanolat (2.96 mL, 10.0 mmol, 2.0 eq.) bei Raumtemperatur 16 h gerührt. Natriumborhydrid (284 mg, 7.5 mmol, 1.5 eq.) wurde zugegeben und die Mischung weitere 3 h gerührt. Anschließend wurde das Gemisch in Ammoniumhydroxidlösung (2 M) geschüttet und der Niederschlag abfiltriert und mit Ethylacetat gewaschen. Die wässrige Phase wurde mit Ethylacetat extrahiert, anschließend wurde die organische Phase mit HCl (1 M) extrahiert und die wässrige Phase mit Ethylacetat gewaschen. Das Wasser wurde durch azeotrope Destillation mit Ethanol entfernt um die Titelverbindung als weißen Feststoff in 90%iger Ausbeute zu erhalten (556 mg, 4.5 mmol).**¹H-NMR (300 MHz, D₂O):** 3.20 (m, 1H), 1.80-1.56 (m, 4H), 0.97 (t, 6H, *J* = 7.3 Hz); **¹³C-NMR (101 MHz, CDCl₃):** 58.6, 54.5, 24.5, 22.0, 8.6, 8.3.

Synthese der Carbenvorläufer:

(*R*)-(1-(naphthalen-1-yl)ethyl)glycinoyl chloride 35

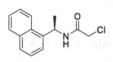

Nach einer modifizierten Vorschrift von Kotschy *et al.*[107] wurde Chloroacetylchlorid (5421 mg, 48 mmol, 1.2 eq.) tropenweise zu einer stark gerührten Mischung aus (*S*)-1-(naphthalen-1-yl)ethan-1-amin (6840 mg, 40 mmol, 1.0 eq.) und K₂CO₃ (11 g, 80 mmol, 2.0 eq.) in Acetonitril (130 mL) gegeben. Die Reaktionsmischung wurde über Nacht bei Raumtemperatur gerührt, bevor Dichlormethan (150 mL) und Wasser (150 mL) zugegeben wurden. Die organische Phase wurde mit Wasser und gesättigter NaCl Lösung gewaschen, und über MgSO₄ getrocknet. Nach Entfernen des Lösungsmittels *in vacuo* wurde die Titelverbindung als weißen Feststoff in 98%iger Ausbeute erhalten (9723 mg, 39.25 mmol).

¹H-NMR (300 MHz, CDCl₃): 8.08 (d, 1H, *J* = 8.3 Hz), 7.88 (d, 1H, *J* = 7.8 Hz), 7.82 (d, 1H, *J* = 7.8 Hz), 7.58-7.46 (m, 4H), 6.82 (b, 1H), 5.95 (m, 1H), 4.07 (m, 2H), 1.71 (d, 3H, *J* = 6.6 Hz); **¹³C-NMR (101 MHz, CDCl₃):** 137.7, 134.1, 131.1, 129.0, 128.8, 126.8, 126.1, 125.4, 123.2, 122.7, 45.4, 42.8, 21.0; **ESI-MS:** berechnet: [C₁₄H₁₄ClNONa⁺]: 270.0656, gefunden: 270.0658.

Allgemeine Vorschrift I:

Nach einer modifizierten Vorschrift von Kotschy *et al.*[107] wurde ein primäres Amin (6.0 mmol, 1.2 eq.) zu einer Mischung von (*R*)-(1-(naphthalen-1-yl)ethyl)glycinoyl chlorid (1239 mg, 5.0 mmol, 1.0 eq.) und K_2CO_3 (1382 mg, 10.0 mmol, 2.0 eq.) in Acetonitril (10 mL) gegeben. Die Reaktionsmischung wurde bei Raumtemperatur gerührt und per GC-MS bis zum vollständigen Verbrauch des Startmaterials verfolgt. Dichlormethan (15 mL) wurde zugegeben, der Feststoff abfiltriert und alle flüchtigen Verbindungen *in vacuo* entfernt um die Titelverbindung zu erhalten.

N-((*R*)-3,3-dimethylbutan-2-yl)-2-(((*R*)-1-(naphthalen-1-yl)ethyl)amino)acetamid

36a

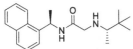

Gelbes Öl, 98% Ausbeute (1.53 g, 4.89 mmol).

R_f (*n*-Pentan/EtOAc   7:3): 0.19;   **^{1}H-NMR (300 MHz, CDCl₃):** 8.10 (d, 1H, *J* = 8.2 Hz), 7.85 (m, 1H), 7.78 (d, 1H, 8.2 Hz), 7.55-7.41 (m, 4H), 5.93 (m, 1H), 3.43-3.22 (m, 2H), 2.03 (m, 1H), 1.68 (d, 3H, *J* = 6.8 Hz), 0.95-0.89 (m, 3H), 0.63 (m, 9H); **^{13}C-NMR (101 MHz, CDCl₃):** 138.4, 133.9, 131.1, 128.7, 128.2, 126.4, 125.7, 125.2, 123.5, 122.5, 62.5, 50.6, 44.1, 34.1, 26.1, 21.0, 14.3; **ATR-FTIR (cm^{-1}):** 3316, 3049, 2965, 2870, 2362, 1738, 1653, 1511, 1449, 1395, 1373, 1312, 1239, 1126, 1002, 967, 906, 860, 799, 776, 735, 642, 622; **ESI-MS:** berechnet: $[C_{18}H_{24}N_2OHC_2H_4^+]$: 313.2274, gefunden: 313.2277.

2-(((*S*)-3,3-dimethylbutan-2-yl)amino)-N-((*R*)-1-(naphthalen-1-yl)ethyl)acetamid

36b

Gelbes Öl, 98% Ausbeute (1.53 g, 4.89 mmol).

^{1}H-NMR (300 MHz, CDCl₃): 8.10 (d, 1H, *J* = 8.2 Hz), 7.85 (m, 1H), 7.78 (d, 1H, 8.2 Hz), 7.55-7.41 (m, 4H), 5.93 (m, 1H), 3.43-3.22 (m, 2H), 2.03 (m, 1H), 1.68 (d, 3H, *J* = 6.8 Hz), 0.95-0.89 (m, 3H), 0.63 (m, 9H); **^{13}C-NMR (101 MHz, CDCl₃):** 138.4, 133.9, 131.1, 128.7, 128.2, 126.4, 125.7, 125.2, 123.5, 122.5, 62.5, 50.6, 44.1, 34.1, 26.1, 21.0, 14.3; **ATR-FTIR (cm^{-1}):** 3316, 3049, 2965, 2870, 2362, 1738, 1653, 1511, 1449, 1395, 1373, 1312, 1239, 1126, 1002, 967, 906, 860, 799, 776, 735, 642, 622; **ESI-MS:** berechnet: $[C_{18}H_{24}N_2OHC_2H_4^+]$: 313.2274, gefunden: 313.2277.

2-(adamantan-2-yl)amino)-*N*-((*R*)-1-(naphthalen-1-yl)ethyl)acetamid 36c

Weißer schaumiger Feststoff, 90% Ausbeute (327 mg, 0.90 mmol, 1 mmol Ansatzgröße).

R$_f$ (DCM/MeOH   9:1): 0.54;   **^{1}H-NMR (300 MHz, CDCl$_3$):** 8.13 (d, 1H, J = 8.5 Hz), 7.86 (d, 1H, J = 8.0 Hz), 7.79 (d, 1H, J = 8.0 Hz), 7.54-7.44 (m, 4H), 5.94 (m, 1H), 3.30 (m, 2H), 1.98 (m, 3H), 1.66 (d, 3H, J = 6.8 Hz), 1.62-1.45 (m, 13H); **^{13}C-NMR (101 MHz, CDCl$_3$):** 138.8, 134.0, 131.2, 128.8, 128.3, 126.5, 125.9, 125.4, 123.7, 122.6, 44.4, 44.0, 42.5, 36.5, 29.5, 21.4; **ATR-FTIR (cm^{-1}):** 3291, 2901, 2847, 1651, 1597, 1508, 1451, 1420, 1343, 1312, 1254, 1238, 1184, 1142, 1099, 775, 737, 718; **ESI-MS:** berechnet: [C$_{24}$H$_{30}$N$_2$OH$^+$]: 363.2431, gefunden: 363.2424.

(*R*)-*N*-(1-(naphthalen-1-yl)ethyl)-2-(pentan-3-ylamino)acetamid 36d

Oranges Öl, 26% Ausbeute (354 mg, 1.19 mmol, 4.5 mmol Ansatzgröße).

^{1}H-NMR (300 MHz, CDCl$_3$): 8.12 (d, 1H, J = 8.2 Hz), 7.86 (m, 1H), 7.79 (m, 1H), 7.56-7.43 (m, 4H), 5.94 (m, 1H), 2.23 (qu, 1H, J = 6.0 Hz), 1.67 (d, 3H, J = 6.8), 1.34 (m, 2H), 1.25 (m, 2H), 0.83 (t, 3H; J = 7.5 Hz), 0.66 (t, 3H; J = 7.5 Hz); **^{13}C-NMR (101 MHz, CDCl$_3$):** 171.1, 138.8, 134.0, 131.2, 128.9, 128.3, 126.6, 125.9, 125.4, 123.6, 122.6, 60.9, 49.9, 44.2, 26.0, 25.9, 21.3, 10.1, 9.9; **ESI-MS:** berechnet: [C$_{19}$H$_{26}$N$_2$OH$^+$]: 299.2118, gefunden: 299.2120.

Allgemeine Vorschrift II:

Nach einer modifizierten Vorschrift von Kotschy *et al.*[107] wurde ein α-Aminoamid (50 mmol, 1.0 eq.) in wasserfreiem THF (100 mL) gelöst und LiAlH$_4$ (7.6 g, 200 mmol, 4 eq.) wurden portionsweise vorsichtig zugegeben. Die Reaktionsmischung wurde über Nacht refluxiert, auf Raumtemperatur abgekühlt und nacheinander Wasser (7 mL), 15% NaOH (7 mL) and Wasser (15 mL) hinzugegeben. Die Mischung wurde für eine Stunde bei Raumtemperatur gerührt und der gebildete weiße Niederschlag abfiltriert. Die wässrige Phase wurde mit Diethylether extrahiert und die vereinigten organischen Phasen über MgSO$_4$ getrocknet. Nach Entfernen des Lösungsmittels *in vacuo* wurde die Titelverbindung erhalten. So erhaltenes nicht reines Produkt wurde durch Flash-Chromatographie gereinigt (Silicagel, DCM/MeOH 19:1).

N^1-((R)-3,3-dimethylbutan-2-yl)-N^2-((R)-1-(naphthalen-1-yl)ethyl)ethan-1,2-diamin 37a

Oranges Öl, 99% Ausbeute (14.90 g, 4.92 mmol). R_f (*n*-Pentan/EtOAc 7:3): 0.15; **^{1}H-NMR (300 MHz, CDCl$_3$):** 8.23 (d, 1H, J = 8.3 Hz), 7.87 (m, 1H), 7.75 (d, 1H, J = 8.1 Hz), 7.68 (d, 1H, J = 8.1 Hz), 7.53-7.46 (m, 4H), 4.63 (q, 1H, J = 6.6 Hz), 2.93-2.86 (m, 1H), 2.74-2.68 (m, 1H), 2.64-2.55 (m, 2H), 2.22 (q, 1H, J = 6.5 Hz), 1.52 (d, 3H, J = 6.6 Hz), 0.97 (d, 3H, J = 6.5 Hz), 0.91 (s, 9H); **^{13}C-NMR (101 MHz, CDCl$_3$):** 141.5, 134.1, 131.5, 129.0, 127.2, 125.8, 125.3, 123.1, 122.8, 62.3, 53.7, 48.3, 47.8, 34.5, 26.6, 23.9, 15.0; **ATR-FTIR (cm^{-1}):** 3318, 3051, 2963, 2901, 2870, 1929, 1859, 1805, 1651, 1597, 1512, 1451, 1373, 1312, 1238, 1204, 1177, 1126, 1069, 1022, 999, 964, 907, 860, 795, 775, 733, 714, 679; **ESI-MS:** berechnet: [$C_{20}H_{28}N_2OH^+$]: 313.2274, gefunden: 313.2275.

N^1-((S)-3,3-dimethylbutan-2-yl)-N^2-((R)-1-(naphthalen-1-yl)ethyl)ethan-1,2-diamin 37b

Oranges Öl, 90% Ausbeute (1.28 g, 4.29 mmol; 4.79 mmol Ansatzgröße). R_f (*n*-Pentan/EtOAc 7:3): 0.15; **^{1}H-NMR (300 MHz, CDCl$_3$):** 8.20 (m, 1H), 7.87 (m, 1H), 7.75 (m, 1H), 7.65 (m, 1H), 7.49 (m, 3H), 4.65 (q, 1H, J = 6.7 Hz), 2.94 (m, 1H), 2.72 (t, 1H, J = 5.4 Hz), 2.53 (m, 1H), 2.22 (q, 1H, J = 6.5 Hz), 2.00 (m, 1H), 1.68 (d, 1H, J = 6.5 Hz), 1.52 (d, 3H, J = 6.7 Hz), 0.98 (d, 3H, J = 6.5 Hz), 0.89 (s, 9H); **ESI-MS:** berechnet: [$C_{20}H_{28}N_2OH^+$]: 313.2274, gefunden: 313.2275.

N^1-(adamantan-2-yl)-N^2-((R)-1-(naphthalen-1-yl)ethyl)ethan-1,2-diamin 37c

Rotes Öl, 68% Ausbeute (1.18 g, 3.4 mmol; 5 mmol Ansatzgröße). R_f (DCM/MeOH 19:1): 0.27; **^{1}H-NMR (300 MHz, CDCl$_3$):** 8.22 (d, 1H, J = 8.4 Hz), 7.86 (m, 1H), 7.74 (d, 1H, J = 8.1 Hz), 7.63 (m, 1H), 7.53-7.44 (m, 3H), 4.62 (q, 1H, J = 6.6 Hz), 2.75-2.64 (m, 4H), 2.04 (b, 3H), 1.82-1.55 (m, 14H), 1.51 (d, 3H, J = 6.6 Hz); **^{13}C-NMR (101 MHz, CDCl$_3$):** 141.5, 134.1, 131.5, 129.1, 127.3, 125.9, 125.8, 125.4, 123.2, 123.0, 53.9, 50.6, 48.5, 42.8, 40.3, 36.8, 29.7, 23.7; **ESI-MS:** berechnet: [$C_{24}H_{32}N_2H^+$]: 349.2638, gefunden: 349.2631.

Allgemeine Vorschrift III:

Nach einer modifizierten Vorschrift von Kotschy *et al.* wurden ein 1,2-Diamin (3 mmol, 1.0 eq.), Triethylorthoformiat (10 mL, 60 mmol, 20 eq.) und Ammoniumtetrafluoroborat (346 mg, 3.3 mmol, 1.1 eq.) in einem geschlossenen Reaktionsgefäß über Nacht bei 100 °C gerührt. Nach dem Abkühlen auf Raumtemperatur wurde der gebildete weiße Niederschlag filtriert und mit Diethylether gewaschen. Nach Entfernen des Lösungsmittels *in vacuo* wurde die Titelverbindung erhalten.

3-((R)-3,3-dimethylbutan-2-yl)-1-((R)-1-(naphthalen-1-yl)ethyl)-4,5-dihydro-1H-imidazol-3-iumtetrafluoroborat L14a·HBF$_4$

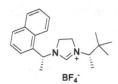

Weißer Feststoff, 80% Ausbeute (0.95 g, 2.40 mmol).

^{1}H-NMR (300 MHz, CDCl$_3$): 8.35 (s, 1H), 8.04 (d, 1H, J = 8.5 Hz), 7.88 (m, 2H), 7.62-7.43 (m, 4H), 5.72 (q, 1H, J = 6.8 Hz), 4.05-3.62 (m, 5H), 1.90 (d, 3H, J = 6.8 Hz), 1.31 (d, 3H, J = 7.0 Hz), 0.94 (s, 9H); **^{13}C-NMR (101 MHz, CDCl$_3$):** 156.9, 134.2, 133.0, 130.6, 129.8, 129.4, 127.6, 126.5, 125.6, 124.1, 122.2, 63.6, 54.3, 47.4, 47.0, 35.3, 26.8, 19.4, 13.2; **ATR-FTIR (cm^{-1}):** 1643, 1601, 1520, 1458, 1385, 1370, 1269, 1200, 1173, 1057, 1026, 937, 899, 860, 799, 775, 606; **ESI-MS:** berechnet: [C$_{21}$H$_{29}$N$_2$$^+$]: 309.2325, gefunden: 309.2320.

3-((S)-3,3-dimethylbutan-2-yl)-1-((R)-1-(naphthalen-1-yl)ethyl)-4,5-dihydro-1H-imidazol-3-iumtetrafluoroborat L14b·HBF$_4$

Weißer Feststoff, 60% Ausbeute (237 mg, 0.60 mmol, 1 mmol Ansatzgröße).

^{1}H-NMR (300 MHz, CDCl$_3$): 8.42 (s, 1H), 8.04 (d, 1H, J = 8.5 Hz), 7.91 (m, 2H), 7.65-7.49 (m, 4H), 5.91 (q, 1H, 6.9 Hz), 4.05-3.72 (m, 4H), 3.48 (m, 1H), 1.93 (d, 3H, J = 6.9 Hz), 1.33 (d, 3H, J = 7.0 Hz), 0.92 (s, 9H); **^{13}C-NMR (101 MHz, CDCl$_3$):** 157.2, 134.2, 132.5, 130.7, 130.0, 129.4, 127.7, 126.5, 125.5, 124.5, 122.1, 63.6, 53.8, 47.3, 45.8, 35.4, 26.8, 18.7, 13.2; **ATR-FTIR (cm^{-1}):** 2959, 1643, 1620, 1597, 1516, 1462, 1366, 1277, 1250, 1134, 1111, 1034, 976, 795, 775; **ESI-MS:** berechnet: [C$_{21}$H$_{29}$N$_2$$^+$]: 309.2325, gefunden: 309.2321.

3-(adamantan-2-yl)-1-((R)-1-(naphthalen-1-yl)ethyl)-4,5-dihydro-1H-imidazol-3-iumtetrafluoroborat L14c·HBF₄

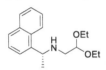

Weißer Feststoff, 83% Ausbeute (372 mg, 0.83 mmol; 1 mmol Ansatzgröße). **¹H-NMR (300 MHz, CDCl₃):** 8.19 (s, 1H), 8.08 (d, 1H, J = 8.6 Hz), 7.89 (d, 1H, J = 8.2 Hz), 7.85 (m, 1H), 7.61 (m, 1H), 7.54-7.49 (m, 3H), 5.86 (q, 1H, J = 6.8 Hz), 3.97-3.79 (m, 3H), 3.58 (m, 1H), 2.16 (b, 3H), 1.91 (m, 5H), 1.87 (d, 3H, J = 6.8 Hz), 1.71-1.60 (m, 7H); **¹³C-NMR (101 MHz, CDCl₃):** 153.5, 134.1, 133.1, 130.7, 129.8, 129.3, 127.6, 126.5, 125.5, 124.4, 122.3, 57.4, 53.9, 46.2, 43.9, 40.6, 35.6, 29.2, 19.1; **ATR-FTIR (cm⁻¹):** 3059, 2901, 2855, 1640, 1597, 1516, 1458, 1300, 1265, 1192, 1099, 1038, 968, 903, 864, 795, 775; **ESI-MS:** berechnet: [C₂₅H₃₁N₂⁺]: 359.2482, gefunden: 359.2475.

5.2.3 Synthese von NHCs durch die Fürstner-Methode

(R)-2,2-diethoxy-N-(1-(naphthalen-1-yl)ethyl)ethan-1-amin 43

Nach einer modifizierten Vorschrift von Fürstner et al.[128] wurden (R)-Naphthylethylamin (8.0 mL, 50.0 mmol, 1.0 eq.), Bromoacetaldehyddiethylacetal (7.5 mL, 50.0 mmol, 1.0 eq.), Kaliumcarbonat (6.9 g, 50.0 mmol, 1.0 eq.) und Acetonitril (100 mL) bei 100 °C gerührt und der Reaktionsfortschritt per GC-MS beobachtet. Nach dem Verbrauch allen Startmaterials wurde die Reaktionsmischung in eine Mischung aus gesättigter NaHCO₃-Lösung und Wasser (1:1) geschüttet, die Phasen getrennt und die wässrige Phase mit Diethylether extrahiert. Die vereinigten organischen Phasen wurden mit Wasser und gesättigter NaCl-Lösung gewaschen, über MgSO₄ getrocknet, filtriert und das Lösungsmittel entfernt. Das Rohprodukt wurde durch Flash-Chromatographie (Silicagel, n-Pentan/EtOAc 1:1) gereinigt und die Titelverbindung als rotes Öl in 76%iger Ausbeute erhalten (11.0 g, 38.2 mmol).

R_f (n-Pentan/EtOAc 1:1): 0.64; **¹H-NMR (300 MHz, CDCl₃):** 8.17 (d, 1H, J = 8.2 Hz), 7.87 (m, 1H), 7.75 (m, 1H), 7.69 (m, 1H), 7.53-7.45 (m, 3H), 4.70 (q, 1H, J = 6.4 Hz), 4.65 (t, 1H, J = 5.6 Hz), 3.72-3.60 (m, 2H), 3.56-3.45 (m, 2H), 2.73 (m, 2H), 1.54 (d, 3H, J = 6.4 Hz), 1.21 (t, 3H, J = 7.0 Hz), 1.16 (t, 3H, J = 7.0 Hz); **¹³C-NMR (101 MHz, CDCl₃):** 134.0, 130.8, 129.1, 127.5, 127.3, 126.2, 125.9, 125.8, 125.6, 125.4, 123.1, 123.0, 121.6, 102.4, 62.6, 62.2, 50.3, 46.7, 24.7, 23.7, 15.5; **ATR-FTIR (cm⁻¹):** 3314,

3044, 2974, 2928, 2874, 2762, 2681, 2627, 2519, 1613, 1582, 1543, 1474, 1447, 1354, 1335, 1258, 1207, 1107, 1061, 1030, 995, 949, 907, 860, 799, 772, 737, 694, 660, 633, 610; **ESI-MS:** berechnet: $[C_{18}H_{25}NO_2H^+]$: 288.1958, gefunden: 288.1967.

(R)-N-(1-(naphthalen-1-yl)ethyl)-N-(2-oxoethyl)formamid 44

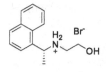

Nach einer modifizierten Vorschrift von Fürstner et al.[128] wurden Essigsäureanhydrid (7.2 mL, 76.4 mmol, 2.0 eq.) und Ameisensäure (7.2 mL, 191.0 mmol, 5.0 eq.) 2 h bei Raumtemperatur gerührt. Die Mischung wurde bei 0 °C zu (R)-2,2-diethoxy-N-(1-(naphthalen-1-yl)ethyl)ethan-1-amin (11.0 g, 38.2 mmol, 1.0 eq.) in THF (150 mL) zugetropft. Die Mischung wurde auf Raumtemperatur erwärmt, 30 min gerührt und anschließend in NaOH Lösung (3%) gegossen. Die wässrige Phase wurde mit Diethylether extrahiert und mit gesättigter NaCl-Lösung gewaschen. Zum so erhaltenen Rückstand wurde Ameisensäure (96 mL) bei 0 °C zugegeben und die Mischung 3 h bei Raumtemperatur gerührt. Die flüchtigen Bestandteile wurden *in vacuo* entfernt, der Rückstand in Diethylether aufgenommen, mit NaHCO₃-Lösung und gesättiger NaCl-Lösung gewaschen, über MgSO₄ getrocknet und das Lösungsmittel entfernt. Durch Flash-Chromatographie (Silicagel, DCM/MeOH 99:1 → 93:7) wurde die Titelverbindung in einer Mischung von etwa 3:2 mit einer nicht abtrennbaren Verunreinigung erhalten. R_f **(DCM/MeOH 95:5)** = 0.52; **ESI-MS:** berechnet: $[C_{15}H_{15}NO_2NaCH_3OH^+]$: 296.1257, gefunden: 296.1250.

5.2.4 Synthese von NHCs durch einen gemeinsamen Vorläufer

(R)-2-hydroxy-N-(1-(naphthalen-1-yl)ethyl)ethan-1-aminiumbromid 48

(R)-Naphthylethylamin (8.0 mL, 50.0 mmol, 1.0 eq.), 2-Bromo-ethanol (3.9 mL, 55.0 mmol, 1.1 eq.) und Dichlormethan (50 mL) wurden 16 h bei 50 °C gerührt. Der entstandene weiße Nieder-schlag wurde abfiltriert und mit Ethylacetat gewaschen. Die Titelverbindung wurde als weißer Feststoff in 88%iger Ausbeute erhalten (12.97 g, 43.8 mmol). **¹H-NMR (300 MHz, DMSO-d₆):** 9.36 (b, 1H), 8.98 (b, 1H), 8.26 (d, 1H, J = 8.1 Hz), 8.01 (m, 2H), 7.91 (m, 1H), 7.67-7.57 (m, 3H), 5.38 (b, 1H), 5.20 (t, 1H, J = 4.9 Hz), 3.65 (q, 2H, J = 4.9 Hz), 3.05 (m, 1H), 2.83 (m, 1H), 1.69 (d, 3H, 6.8 Hz); **¹³C-NMR (101 MHz, DMSO-d₆):** 133.8, 133.4, 130.4, 129.1, 129.0, 127.0, 126.2, 125.6, 124.2, 122.7, 56.5, 52.0, 47.6, 19.8; **ATR-FTIR (cm⁻¹):** 3364, 3044, 2994,

2936, 2874, 2774, 2735, 2685, 2650, 2627, 2565, 2508, 2450, 1586, 1512, 1416,

1258, 1177, 1130, 1065, 1034, 787, 610; **ESI-MS:** berechnet: [$C_{14}H_{18}NO^+$]: 216.1383,

gefunden: 216.1383.

(*R*)-2-bromo-*N*-(1-(naphthalen-1-yl)ethyl)ethan-1-aminiumbromid 49

(*R*)-2-hydroxy-*N*-(1-(naphthalen-1-yl)ethyl)ethan-1-

aminiumbromid (12.9 g, 43.5 mmol, 1.0 eq.) und K_2CO_3 (10%ige

wässrige Lösung, 100 mL) wurden gemischt und mit

Dichlormethan extrahiert. Die Lösung wurde auf etwa 50 mL

konzentriert und bei 0 °C Thionylbromid (5.4 mL, 70.0 mmol, 1.4 eq.) zugetropft.

Anschließend wurde die Reaktionsmischung auf Raumtemperatur erwärmt und 16 h

gerührt. Der entstandene Niederschlag wurde abfiltriert und mit Diethyl-

ether/Ethylacetat (1:1) gewaschen. Die Titelverbindung wurde als weißer Feststoff in

69%iger Ausbeute erhalten (10.75 g, 29.9 mmol). **^{1}H-NMR (300 MHz,**

DMSO-d_6): 9.63 (b, 1H), 9.21 (b, 1H), 8.27 (d, 1H, J = 8.3 Hz), 8.02 (m, 2H), 7.90 (m,

1H), 7.68-7.59 (m, 3H), 5.44 (m, 1H), 3.70 (m, 2H), 3.53 (b, 1H), 3.29 (b, 1H), 1.70

(d, 3H, J = 6.5 Hz); **^{13}C-NMR (101 MHz, DMSO-d_6):** 133.7, 133.4, 130.3, 129.3,

129.0, 127.1, 126.3, 125.6, 124.3, 122.7, 52.4, 46.8, 26.3, 19.4;

ATR-FTIR (cm^{-1}): 2931, 2909, 2839, 2801, 2762, 2739, 2442, 1516, 1458, 1435,

1400, 1343, 1312, 1261, 1231, 1196, 1173, 1146, 1080, 1057, 995, 980, 953, 775;

ESI-MS: berechnet: [$C_{14}H_{17}BrN^+$]: 278.0539, gefunden: 278.0546.

5.2.5 Ligandenscreening

Die im Ligandenscreening verwendeten Substrate 2-Phenylbenzofuran,

6-Methyl-2,3-diphenylchinoxalin, 2-*P*-fluorophenyl-5-methylfuran, 2-Phenyl-*N*-

benzylpyridiniumbromid, 2,5-Dimethyl-*N*-benzylpyridiniumtetrafluoroborat und

6-Methyl-*N*-methylpyridon wurden in der Arbeitsgruppe Glorius synthetisiert und aus

bestehenden Vorräten entnommen. Folgende Substrate wurden außerdem dar-

gestellt:

2-Phenylpyrrol

Nach einer Vorschrift von Zhang, You *et al.*[129] wurden Pyrrol (10 mL),

Diphenyliodoniumtetrafluoroborat (736 mg, 2.0 mmol, 1.0 eq.) und NaOH

(120 mg, 3.0 mmol, 1.5 eq.) bei 16 h bei 80 °C gerührt. Überschüssiges

Pyrrol wurde durch Destillation abgetrennt (40 mbar, 70 °C) und der Rückstand mit Ethylacetat aufgenommen. Die Lösung wurde mit Wasser und gesättigter NaCl-Lösung gewaschen, über MgSO$_4$ getrocknet, filtriert und das Lösungsmittel entfernt. Durch Flash-Chromatographie (Silicagel, *n*-Pentan/EtOAc 95:5) wurde die Titelverbindung als weißer Feststoff, der sich an Luft rot verfärbt in 76%iger Ausbeute erhalten (219 mg, 1.5 mmol). **R$_f$ (*n*-Pentan/EtOAc 95:5)** = 0.24; **^{1}H-NMR (300 MHz, CDCl$_3$):** 8.44 (b, 1H), 7.49 (m, 2H), 7.37 (m, 2H), 7.21 (m, 1H), 6.87 (m, 1H), 6.83 (q, 1H, *J* = 2.1 Hz), 6.54 (m, 1H), 6.31 (m, 1H), 6.27 (q, 1H, *J* = 2.1 Hz); **^{13}C-NMR (101 MHz, CDCl$_3$):** 132.9, 129.0, 126.3, 124.0, 119.0, 117.8, 110.3, 108.3, 106.1.

2-Phenylpyrazin

Nach einer Vorschrift von Liu *et al.*[130] wurden 2-Chloropyrazin (445 µL, 5.0 mmol, 1.0 eq.), Phenylboronsäure (914 mg, 7.5 mmol, 1.5 eq.), Pd(OAc)$_2$ (5.5 mg, 0.025 mmol, 0.005 eq.), Kaliumphosphat (2.1 g, 10 mmol, 2 eq.) und Ethylenglykol (40 mL) 1 h bei 80 °C gerührt. Die Reaktion wurde in gesättigte NaCl-Lösung gegossen und mit Ethylacetat extrahiert. Durch Flash-Chromatographie (Silicagel, *n*-Pentan/EtOAc 4:1) wurde das Produkt als weißer Feststoff in 89%iger Ausbeute erhalten (696 mg, 4.5 mmol). **R$_f$ (*n*-Pentan/EtOAc 4:1)** = 0.59; **^{1}H-NMR (300 MHz, CDCl$_3$):** 9.04 (s, 1H), 8.64 (m, 1H), 8.51 (d, 1H, *J* = 2.3 Hz), 8.02 (m, 2H), 7.54-7.46 (m, 3H); **^{13}C-NMR (101 MHz, CDCl$_3$):** 153.1, 144.3, 143.0, 142.3, 136.4, 130.1, 129.2, 127.1; **ESI-MS:** berechnet: [C$_{10}$H$_8$N$_2$H$^+$]: 157.0760, gefunden: 157.0770.

Allgemeine Vorschrift IV:

[Ru(2-Me-Allyl)$_2$(COD)] (4.8 mg, 0.015 mmol, 1.0 eq.), NHC·HX (0.030 mmol, 2.0 eq.), KO*t*Bu (3.4 mg, 0.03 mmol, 2.0 eq.) und Hydriersubstrat (0.15 mmol, 10 eq.) wurden in der Glovebox in einem ausgeheizten Reaktionsgefäß eingewogen und mit *n*-Hexan suspendiert. Das Gefäß wurde unter Argon in einen 150 mL Edelstahl-autoklav platziert und die Hydrierung und Analytik wie oben beschrieben durch-geführt.

Allgemeine Vorschrift V:

[Ru(2-Me-Allyl)$_2$(COD)] (4.8 mg, 0.015 mmol, 1.0 eq.), NHC·HX (0.030 mmol, 2.0 eq.) und KO*t*Bu (3.4 mg, 0.03 mmol, 2.0 eq.) wurden in der Glovebox in einem ausgeheizten Reaktionsgefäß eingewogen und mit *n*-Hexan (1 mL) suspendiert. Der Präkatalysator wurde 16 h durch Rühren bei 70 °C vorgeformt. Anschließend wurde die Mischung in ein Reaktionsgefäß, welches das Hydriersubstrat (0.30 mmol, 20 eq.) enthielt überführt. Das Reaktionsgefäß wurde unter Argon in einen 150 mL Edelstahlautoklav platziert. Der Autoklav wurde 3x mit Wasserstoffgas gespült, bevor ein Druck von 80 bar eingestellt wurde. Nach 16 h Rühren bei 40 °C wurde der Druck abgelassen. Die flüchtigen Bestandteile wurden *in vacuo* entfernt und der Rückstand mit Ethylacetat über Silicagel filtriert. Voller Umsatz oder Nebenprodukte wurden mittels GC-MS festgestellt.

1-(*M*-tolyl)-ethan-1-ol:

Die Hydrierung wurde nach der allgemeinen Vorschrift IV mit **L13**·HCl durchgeführt. Das Produkt wurde mit einer Reihe Nebenprodukten enthalten und nicht weiter analysiert.

1,2-Diphenylpropan:

Die Hydrierung wurde nach der allgemeinen Vorschrift IV mit **L13**·HCl durchgeführt. Das Produkt wurde als Racemat erhalten. (Chiralpak OJ-H, *n*-Hexan/*i*-PrOH 99:1, 1.0 mL/min, 13.4 min, 19.1 min).

2-Phenyldihydrobenzofuran:

Die Hydrierung wurde nach der allgemeinen Vorschrift IV mit **L13**·HCl durchgeführt. Das Produkt wurde mit 2-Cyclohexyldihydrobenzofuran und Ausgangsmaterial erhalten und nicht weiter analysiert.

Die Hydrierung wurde nach der allgemeinen Vorschrift V mit **L14a**·HBF$_4$ durchgeführt. Das Produkt wurde mit >95% Umsatz erhalten, der e.r. lag bei 85:15 (Chiralpak AD-H, *n*-Hexan/*i*-PrOH 97:3, 1 mL/min, 5.0 min, 5.5 min).

Die Hydrierung wurde nach der allgemeinen Vorschrift V mit **L14b**·HBF$_4$ durchgeführt. Das Produkt wurde mit 2-Cyclohexyldihydrobenzofuran und Ausgangsmaterial erhalten und nicht weiter analysiert.

Die Hydrierung wurde nach der allgemeinen Vorschrift V mit **L14c**·HBF$_4$ durchgeführt. Das Produkt wurde mit >95% Umsatz erhalten, der e.r. lag bei 70:30 (Chiralpak AD-H, *n*-Hexan/*i*-PrOH 97:3, 1 mL/min, 5.0 min, 5.5 min).

2-Methyl-5,6,7,8-tetrahydrochinolin:

Die Hydrierung wurde nach der allgemeinen Vorschrift IV mit **L13**·HCl durchgeführt. Das Produkt wurde mit >95% Umsatz erhalten und nicht weiter analysiert.

6-Methyl-2,3-phenyl-5,6,7,8-tetrahdrochinoxalin:

Die Hydrierung wurde nach der allgemeinen Vorschrift V mit **L14a**·HBF$_4$ durchgeführt. Das Produkt wurde mit >95% Umsatz erhalten, der e.r. lag bei 83:17 (Chiralpak AD-H, *n*-Hexan/*i*-PrOH 98:2, 0.8 mL/min, 7.0 min, 7.8 min).

2-(*P*-fluorophenyl)-5-methyltetrahydrofuran:

Die Hydrierung wurde nach der allgemeinen Vorschrift V mit **L14a**·HBF$_4$ durchgeführt. Das Produkt wurde mit >95% Umsatz erhalten, der e.r. lag bei 83.5:16.5 (Chiralpak OJ-H, *n*-Hexan/*i*-PrOH 98:2, 1.0 mL/min, 8.1 min, 11.1 min), der d.r. lag bei >20:1 (mittels ^{1}H-NMR Spektroskopie bestimmt).

1,*N*-Dimethylpiperidinon:

Die Hydrierung wurde nach der allgemeinen Vorschrift V mit **L14a**·HBF$_4$ durchgeführt. Das Produkt wurde mit >95% Umsatz erhalten, der e.r. lag bei 53.5:46.5 (IVA Ivadex DMEPEBETA-086, 80_10_1_170_30, 56.3 min, 58.4 min).

Die Hydrierung wurde nach der allgemeinen Vorschrift V mit **L14b**·HBF$_4$ durchgeführt. Das Produkt wurde mit >95% Umsatz erhalten, der e.r. lag bei 69:31 (IVA Ivadex DMEPEBETA-086, 80_10_1_170_30, 56.3 min, 58.4 min).

Die Hydrierung wurde nach der allgemeinen Vorschrift V mit **L14b**·HBF$_4$ bei 25 °C durchgeführt. Das Produkt wurde mit >95% Umsatz erhalten, der e.r. lag bei 68.5:31.5 (IVA Ivadex DMEPEBETA-086, 80_10_1_170_30, 56.3 min, 58.4 min).

Die Hydrierung wurde nach der allgemeinen Vorschrift V mit **L14c**·HBF$_4$ durchgeführt. Das Produkt wurde mit >95% Umsatz erhalten und lag als Racemat vor.

2-Phenylpiperazin:

Allgemeine Vorschrift VI:

Die Hydrierung wurde nach der allgemeinen Vorschrift V mit **L14**·HBF$_4$ durchgeführt. Zur Bestimmung des Enantiomerenverhältnis wurde das Reaktionsprodukt in Dichlormethan gelöst und 20 µ Pyridin sowie 4 Äquivalente TFAA zugegeben. Nach einigen Stunden Rühren bei Raumtemperatur wurde das derivatisierte Produkt über Silicagel filtriert und mit dem HPLC Eluentengemisch eluiert.

Die Hydrierung wurde nach der allgemeinen Vorschrift VI mit **L14a**·HBF$_4$ bei 25 °C durchgeführt. Der e.r. lag bei 70:30 (Chiralpak OD-H, *n*-Hexan/*i*-PrOH 95:5, 1 mL/min, 12.5 min, 15.6 min).

Die Hydrierung wurde nach der allgemeinen Vorschrift V mit **L14b**·HBF$_4$ durchgeführt. Das Produkt wurde mit >95% Umsatz erhalten, der e.r. lag bei 84:16 (Chiralpak OD-H, *n*-Hexan/*i*-PrOH 95:5, 1 mL/min, 12.5 min, 15.6 min).

5.2.6 Pyrazinhydrierung

Folgende Experimente wurden zur Optimierung der Reaktionsbedingungen zur asymmetrischen Hydrierung von 2-Phenylpyrazin nach der allgemeinen Vorschrift VI durchgeführt:

$$[Ru(\eta^3\text{-Me-Allyl})_2(COD)]$$
$$\textbf{L14b} \; HBF_4, \; KOtBu$$

n-Hexan, H$_2$

Temperatur	Wasserstoffdruck	Lösungsmittel	Umsatz[a]	Ausbeute[c]	e.r.[e]
40 °C	80 bar	n-Hexan	>95%[b]	n.b.	84:16
25 °C	80 bar	n-Hexan	>95%[b]	77%	86:14
0 °C	120 bar	n-Hexan	25%	n.b.	n.b.
25 °C	120 bar	n-Hexan	97%	74%	88:12
25 °C	150 bar	n-Hexan	97%	80%	87.5:12.5
25 °C	120 bar	Toluol	20%	10%[d]	85:15
25 °C	120 bar	t-AmylOH	40%	10%[d]	91:9
25 °C	120 bar	PhCF$_3$	80%	30%[d]	86:14
25 °C	120 bar	DME	40%	25%[d]	87:13
25 °C	120 bar	Cyclohexan	98%	>90%[d]	90:10
25 °C	120 bar	Diethylether	97%	60%[d]	89:11
25 °C	105 bar	n-Hexan/t-AmylOH 1:1	93%	77%	80:20
25 °C	105 bar	CyH/t-AmylOH 1:1	95%	72%	80:20
25 °C	105 bar	CyH/t-AmylOH 3:1	91%	80%	84:16
25 °C	105 bar	CyH/t-AmylOH 1:3	95%	63%	82:18

[a] Umsatz über ^{1}H-NMR Spektren der Reaktionsmischung bestimmt. Als interner Standard diente Dibrommethan.

[b] Umsatz qualitativ über die Abwesenheit von Startmaterial und Nebenprodukten in GC-MS Spektren nach der Reaktion bestimmt.

[c] Isolierte Ausbeute, sofern nicht anders angegeben.

[d] Menge an 2-Phenylpiperazin über ^{1}H-NMR Spektren der Reaktionsmischung bestimmt. Als interner Standard diente Dibrommethan.

[e] Das Enantiomerenverhältnis wurde nach Derivatisierung der Produkte nach der allgemeinen Vorschrift VI über chirale HPLC Messungen bestimmt (Chiralpak OD-H, n-Hexan/i-PrOH 95:5, 1 mL/min, 12.5 min, 15.6 min).

N,N'-Bis(trifluoracetyl)-2-phenylpiperazin

^{1}H-NMR (300 MHz, CDCl$_3$): 7.48-7.15 (m, 5H), 5.97-4.20 (m, 3H), 4.03-2.95 (m, 4H); **^{13}C-NMR (101 MHz, CDCl$_3$):** 129.5, 129.4, 128.6, 126.4, 126.1, 53.0, 45.6, 43.7, 41.3.

6 Anhang

6.1 Kristallographische Daten

3-((S)-3,3-dimethylbutan-2-yl)-1-((R)-1-(naphthalen-1-yl)ethyl)-4,5-dihydro-1H-imidazol-3-iumtetrafluoroborat L14b·HBF₄

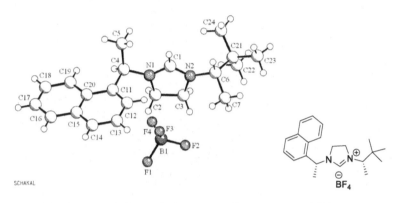

Table 1. Crystal data and structure refinement for GLO7573.

Identification code	GLO7573
Empirical formula	$C_{21} H_{29} B F_4 N_2$
Formula weight	396.27
Temperature	223(2) K
Wavelength	1.54178 Å
Crystal system, space group	orthorhombic, $P2_12_12_1$ (No. 19)
Unit cell dimensions	a = 6.4314(3) Å b = 13.2067(6) Å c = 25.0130(13)Å
Volume	2124.54(18) Å³
Z, Calculated density	4, 1.239 Mg/m³
Absorption coefficient	0.807 mm⁻¹
F(000)	840
Crystal size	0.28 x 0.16 x 0.01 mm
Theta range for data collection	3.78 to 67.41°
Limiting indices	-7<=h<=7, -15<=k<=15, -28<=l<=29
Reflections collected / unique	11619 / 3626 [R(int) = 0.059]
Completeness to theta = 67.41	98.3 %

Absorption correction   Semi-empirical from equivalents

Max. and min. transmission   0.9920 and 0.8056

Refinement method   Full-matrix least-squares on F^2

Data / restraints / parameters 3626 / 184 / 324

Goodness-of-fit on F^2 1.068

Final R indices [I>2σ(I)]   R1 = 0.0595, wR^2 = 0.1346

R indices (all data)   R1 = 0.0942, wR^2 = 0.1593

Absolute structure parameter   0.0(4)

Largest diff. peak and hole   0.200 and -0.205 e.Å^{-3}

Table 2. Atomic coordinates (x 10^4) and equivalent isotropic displacement parameters (Å^2 x 10^3) for GLO7573.
U(eq) is defined as one third of the trace of the orthogonalized U_{ij} tensor.

	x	y	z	U(eq)
N(1)	4834(5)	3041(2)	7098(1)	42(1)
N(2)	5474(5)	3060(2)	7959(1)	45(1)
C(1)	5758(6)	2603(3)	7501(2)	43(1)
C(2)	3728(7)	3947(3)	7282(2)	51(1)
C(3)	4164(8)	3964(3)	7878(2)	53(1)
C(4)	4847(6)	2765(3)	6531(1)	42(1)
C(5)	5439(8)	1655(3)	6454(2)	53(1)
C(6)	6687(8)	2835(4)	8449(2)	60(1)
C(7)	7928(10)	3784(5)	8602(2)	106(2)
C(11)	6294(6)	3460(3)	6216(2)	42(1)
C(12)	8049(7)	3849(3)	6450(2)	53(1)
C(13)	9492(8)	4437(4)	6158(2)	66(1)
C(14)	9156(8)	4614(3)	5628(2)	61(1)
C(15)	7375(7)	4234(3)	5370(2)	51(1)
C(16)	7016(9)	4420(4)	4822(2)	69(1)
C(17)	5333(11)	4049(4)	4567(2)	83(2)
C(18)	3864(10)	3481(4)	4855(2)	77(2)
C(19)	4148(8)	3291(3)	5388(2)	58(1)
C(20)	5892(7)	3656(3)	5663(2)	44(1)
C(21)	5392(9)	2357(4)	8891(2)	74(2)
C(22)	3535(19)	2843(12)	9075(6)	106(5)
C(23)	7050(20)	2180(10)	9347(4)	82(4)
C(24)	4980(20)	1287(7)	8651(4)	84(4)
C(22A)	4190(20)	3312(10)	9171(6)	76(4)
C(23A)	6350(40)	1774(15)	9357(6)	108(6)
C(24A)	3370(30)	1762(13)	8708(6)	113(6)
B(1)	-637(8)	6169(4)	7631(2)	59(1)
F(1)	-719(12)	7085(6)	7341(4)	100(3)
F(2)	-636(9)	6451(8)	8162(2)	97(3)
F(3)	1144(13)	5690(6)	7508(4)	77(2)
F(4)	-2351(15)	5610(10)	7516(6)	83(4)
F(1A)	-550(20)	7139(8)	7669(8)	96(5)
F(2A)	-50(20)	5700(16)	8120(5)	131(6)
F(3A)	940(20)	5831(13)	7282(7)	77(4)
F(4A)	-2560(20)	5800(17)	7500(10)	63(4)

Table 3. Bond lengths [Å] and angles [°] for GLO7573.

N(1)-C(1)	1.306(5)
N(1)-C(4)	1.465(4)
N(1)-C(2)	1.466(5)
N(2)-C(1)	1.307(5)
N(2)-C(3)	1.475(5)
N(2)-C(6)	1.483(5)
C(1)-H(1)	0.90(5)
C(2)-C(3)	1.517(6)
C(2)-H(2A)	0.9800
C(2)-H(2B)	0.9800
C(3)-H(3A)	0.9800
C(3)-H(3B)	0.9800
C(4)-C(11)	1.525(5)
C(4)-C(5)	1.527(5)
C(4)-H(4)	0.9900
C(5)-H(5A)	0.9700
C(5)-H(5B)	0.9700
C(5)-H(5C)	0.9700
C(6)-C(21)	1.522(7)
C(6)-C(7)	1.534(8)
C(6)-H(6)	0.9900
C(7)-H(7A)	0.9700
C(7)-H(7B)	0.9700
C(7)-H(7C)	0.9700
C(11)-C(12)	1.371(6)
C(11)-C(20)	1.431(5)
C(12)-C(13)	1.412(6)
C(12)-H(12)	0.9400
C(13)-C(14)	1.363(6)
C(13)-H(13)	0.9400
C(14)-C(15)	1.408(6)
C(14)-H(14)	0.9400
C(15)-C(16)	1.412(6)
C(15)-C(20)	1.425(5)
C(16)-C(17)	1.347(7)
C(16)-H(16)	0.9400
C(17)-C(18)	1.405(7)
C(17)-H(17)	0.9400
C(18)-C(19)	1.369(6)
C(18)-H(18)	0.9400
C(19)-C(20)	1.401(6)
C(19)-H(19)	0.9400
C(21)-C(22)	1.432(11)
C(21)-C(23A)	1.528(12)
C(21)-C(24)	1.559(9)
C(21)-C(23)	1.578(10)
C(21)-C(24A)	1.589(13)
C(21)-C(22A)	1.634(11)
C(22)-H(22A)	0.9700
C(22)-H(22B)	0.9700
C(22)-H(22C)	0.9700
C(23)-H(23A)	0.9700
C(23)-H(23B)	0.9700
C(23)-H(23C)	0.9700
C(24)-H(24A)	0.9700
C(24)-H(24B)	0.9700
C(24)-H(24C)	0.9700
C(22A)-H(22D)	0.9700
C(22A)-H(22E)	0.9700
C(22A)-H(22F)	0.9700
C(23A)-H(23D)	0.9700
C(23A)-H(23E)	0.9700
C(23A)-H(23F)	0.9700

C(24A)-H(24D)	0.9700
C(24A)-H(24E)	0.9700
C(24A)-H(24F)	0.9700
B(1)-F(1A)	1.286(10)
B(1)-F(3)	1.345(8)
B(1)-F(4)	1.358(9)
B(1)-F(4A)	1.367(12)
B(1)-F(2)	1.378(6)
B(1)-F(3A)	1.411(11)
B(1)-F(1)	1.411(7)
B(1)-F(2A)	1.423(10)
C(1)-N(1)-C(4)	129.5(3)
C(1)-N(1)-C(2)	109.9(3)
C(4)-N(1)-C(2)	120.6(3)
C(1)-N(2)-C(3)	109.5(3)
C(1)-N(2)-C(6)	123.9(3)
C(3)-N(2)-C(6)	125.2(3)
N(1)-C(1)-N(2)	114.1(3)
N(1)-C(1)-H(1)	119(3)
N(2)-C(1)-H(1)	127(3)
N(1)-C(2)-C(3)	103.3(3)
N(1)-C(2)-H(2A)	111.1
C(3)-C(2)-H(2A)	111.1
N(1)-C(2)-H(2B)	111.1
C(3)-C(2)-H(2B)	111.1
H(2A)-C(2)-H(2B)	109.1
N(2)-C(3)-C(2)	103.3(3)
N(2)-C(3)-H(3A)	111.1
C(2)-C(3)-H(3A)	111.1
N(2)-C(3)-H(3B)	111.1
C(2)-C(3)-H(3B)	111.1
H(3A)-C(3)-H(3B)	109.1
N(1)-C(4)-C(11)	110.7(3)
N(1)-C(4)-C(5)	111.2(3)
C(11)-C(4)-C(5)	111.1(3)
N(1)-C(4)-H(4)	107.9
C(11)-C(4)-H(4)	107.9
C(5)-C(4)-H(4)	107.9
C(4)-C(5)-H(5A)	109.5
C(4)-C(5)-H(5B)	109.5
H(5A)-C(5)-H(5B)	109.5
C(4)-C(5)-H(5C)	109.5
H(5A)-C(5)-H(5C)	109.5
H(5B)-C(5)-H(5C)	109.5
N(2)-C(6)-C(21)	113.3(4)
N(2)-C(6)-C(7)	108.4(4)
C(21)-C(6)-C(7)	116.2(4)
N(2)-C(6)-H(6)	106.0
C(21)-C(6)-H(6)	106.0
C(7)-C(6)-H(6)	106.0
C(6)-C(7)-H(7A)	109.5
C(6)-C(7)-H(7B)	109.5
H(7A)-C(7)-H(7B)	109.5
C(6)-C(7)-H(7C)	109.5
H(7A)-C(7)-H(7C)	109.5
H(7B)-C(7)-H(7C)	109.5
C(12)-C(11)-C(20)	119.5(4)
C(12)-C(11)-C(4)	120.6(3)
C(20)-C(11)-C(4)	119.8(3)
C(11)-C(12)-C(13)	121.8(4)
C(11)-C(12)-H(12)	119.1
C(13)-C(12)-H(12)	119.1
C(14)-C(13)-C(12)	119.5(5)
C(14)-C(13)-H(13)	120.3
C(12)-C(13)-H(13)	120.3

```
C(13)-C(14)-C(15)          121.0(4)
C(13)-C(14)-H(14)          119.5
C(15)-C(14)-H(14)          119.5
C(14)-C(15)-C(16)          121.1(4)
C(14)-C(15)-C(20)          119.9(4)
C(16)-C(15)-C(20)          119.0(4)
C(17)-C(16)-C(15)          121.7(5)
C(17)-C(16)-H(16)          119.1
C(15)-C(16)-H(16)          119.1
C(16)-C(17)-C(18)          119.5(4)
C(16)-C(17)-H(17)          120.3
C(18)-C(17)-H(17)          120.3
C(19)-C(18)-C(17)          120.5(5)
C(19)-C(18)-H(18)          119.8
C(17)-C(18)-H(18)          119.8
C(18)-C(19)-C(20)          121.5(5)
C(18)-C(19)-H(19)          119.3
C(20)-C(19)-H(19)          119.3
C(19)-C(20)-C(15)          117.8(4)
C(19)-C(20)-C(11)          123.8(4)
C(15)-C(20)-C(11)          118.3(4)
C(22)-C(21)-C(6)           120.3(7)
C(22)-C(21)-C(23A)         108.6(11)
C(6)-C(21)-C(23A)          122.8(10)
C(22)-C(21)-C(24)          113.0(8)
C(6)-C(21)-C(24)           100.8(5)
C(23A)-C(21)-C(24)          84.6(9)
C(22)-C(21)-C(23)          113.4(7)
C(6)-C(21)-C(23)           102.6(6)
C(23A)-C(21)-C(23)          25.9(9)
C(24)-C(21)-C(23)          105.0(6)
C(22)-C(21)-C(24A)          68.3(9)
C(6)-C(21)-C(24A)          116.4(6)
C(23A)-C(21)-C(24A)        107.6(10)
C(24)-C(21)-C(24A)          45.7(7)
C(23)-C(21)-C(24A)         133.5(8)
C(22)-C(21)-C(22A)          28.8(7)
C(6)-C(21)-C(22A)          104.4(6)
C(23A)-C(21)-C(22A)        104.7(9)
C(24)-C(21)-C(22A)         141.7(8)
C(23)-C(21)-C(22A)          97.1(8)
C(24A)-C(21)-C(22A)         96.8(9)
C(21)-C(22)-H(22A)         109.5
C(21)-C(22)-H(22B)         109.5
H(22A)-C(22)-H(22B)        109.5
C(21)-C(22)-H(22C)         109.5
H(22A)-C(22)-H(22C)        109.5
H(22B)-C(22)-H(22C)        109.5
C(21)-C(23)-H(23A)         109.5
C(21)-C(23)-H(23B)         109.5
H(23A)-C(23)-H(23B)        109.5
C(21)-C(23)-H(23C)         109.5
H(23A)-C(23)-H(23C)        109.5
H(23B)-C(23)-H(23C)        109.5
C(21)-C(24)-H(24A)         109.5
C(21)-C(24)-H(24B)         109.5
H(24A)-C(24)-H(24B)        109.5
C(21)-C(24)-H(24C)         109.5
H(24A)-C(24)-H(24C)        109.5
H(24B)-C(24)-H(24C)        109.5
C(21)-C(22A)-H(22D)        109.5
C(21)-C(22A)-H(22E)        109.5
H(22D)-C(22A)-H(22E)       109.5
C(21)-C(22A)-H(22F)        109.5
H(22D)-C(22A)-H(22F)       109.5
H(22E)-C(22A)-H(22F)       109.5
```

```
C(21)-C(23A)-H(23D)          109.5
C(21)-C(23A)-H(23E)          109.5
H(23D)-C(23A)-H(23E)         109.5
C(21)-C(23A)-H(23F)          109.5
H(23D)-C(23A)-H(23F)         109.5
H(23E)-C(23A)-H(23F)         109.5
C(21)-C(24A)-H(24D)          109.5
C(21)-C(24A)-H(24E)          109.5
H(24D)-C(24A)-H(24E)         109.5
C(21)-C(24A)-H(24F)          109.5
H(24D)-C(24A)-H(24F)         109.5
H(24E)-C(24A)-H(24F)         109.5
F(1A)-B(1)-F(3)              116.6(9)
F(1A)-B(1)-F(4)              126.4(10)
F(3)-B(1)-F(4)               112.7(7)
F(1A)-B(1)-F(4A)             114.4(12)
F(3)-B(1)-F(4A)              123.1(13)
F(4)-B(1)-F(4A)               12.1(16)
F(1A)-B(1)-F(2)               70.1(8)
F(3)-B(1)-F(2)               110.3(6)
F(4)-B(1)-F(2)               110.6(8)
F(4A)-B(1)-F(2)              109.1(12)
F(1A)-B(1)-F(3A)             109.2(10)
F(3)-B(1)-F(3A)               25.4(7)
F(4)-B(1)-F(3A)              106.2(11)
F(4A)-B(1)-F(3A)             112.8(12)
F(2)-B(1)-F(3A)              133.0(8)
F(1A)-B(1)-F(1)               35.5(6)
F(3)-B(1)-F(1)               108.5(6)
F(4)-B(1)-F(1)               109.1(7)
F(4A)-B(1)-F(1)               98.5(12)
F(2)-B(1)-F(1)               105.3(5)
F(3A)-B(1)-F(1)               88.8(8)
F(1A)-B(1)-F(2A)             111.0(9)
F(3)-B(1)-F(2A)               76.4(8)
F(4)-B(1)-F(2A)               99.3(9)
F(4A)-B(1)-F(2A)             107.0(12)
F(2)-B(1)-F(2A)               44.7(7)
F(3A)-B(1)-F(2A)             101.7(9)
F(1)-B(1)-F(2A)              145.6(8)
```

Table 4. Anisotropic displacement parameters ($\text{\AA}^2$ x 10^3) for GLO7573.
The anisotropic displacement factor exponent takes the form:
$-2 \pi^2$ [h^2 a^{*2} U_{11} + ... + 2 h k a^* b^* U_{12}]

	U11	U22	U33	U23	U13	U12
N(1)	49(2)	39(2)	37(2)	-1(1)	5(2)	6(2)
N(2)	48(2)	48(2)	40(2)	0(1)	-1(2)	10(2)
C(1)	49(2)	42(2)	38(2)	1(2)	3(2)	10(2)
C(2)	57(3)	41(2)	54(2)	1(2)	4(2)	11(2)
C(3)	63(3)	44(2)	52(2)	-1(2)	4(2)	14(2)
C(4)	48(2)	46(2)	33(2)	3(2)	2(2)	-1(2)
C(5)	73(3)	42(2)	44(2)	1(2)	6(2)	-1(2)
C(6)	67(3)	73(3)	40(2)	-1(2)	-6(2)	19(3)
C(7)	81(4)	147(6)	90(4)	7(4)	-30(3)	-42(4)
C(11)	42(2)	42(2)	41(2)	4(2)	2(2)	2(2)
C(12)	51(3)	61(2)	46(2)	13(2)	-5(2)	-6(2)
C(13)	49(3)	73(3)	76(3)	15(3)	1(2)	-14(3)
C(14)	59(3)	59(3)	64(3)	11(2)	11(2)	-9(2)
C(15)	66(3)	42(2)	46(2)	3(2)	11(2)	-1(2)
C(16)	102(4)	60(3)	45(3)	12(2)	11(3)	-11(3)
C(17)	132(5)	77(3)	40(3)	10(2)	-6(3)	-22(4)
C(18)	108(4)	72(3)	51(3)	6(2)	-26(3)	-19(3)
C(19)	74(3)	54(2)	47(2)	2(2)	-9(2)	-12(2)
C(20)	56(3)	38(2)	39(2)	1(2)	7(2)	-1(2)
C(21)	102(4)	73(3)	46(3)	9(2)	-14(3)	-9(3)
C(22)	90(8)	128(9)	99(8)	32(7)	25(7)	1(7)
C(23)	114(8)	83(7)	50(5)	32(5)	-14(5)	-6(6)
C(24)	102(8)	77(6)	74(6)	16(5)	-15(5)	-27(6)
C(22A)	65(7)	107(8)	58(6)	-9(6)	26(6)	-24(7)
C(23A)	130(11)	113(10)	79(8)	17(8)	-6(8)	11(9)
C(24A)	128(11)	106(9)	103(9)	15(7)	5(8)	-39(8)
B(1)	51(3)	62(3)	64(4)	1(3)	6(3)	-7(3)
F(1)	83(4)	79(4)	138(6)	38(4)	21(4)	15(3)
F(2)	71(3)	143(6)	77(4)	-47(4)	-6(3)	-3(4)
F(3)	68(4)	58(3)	106(5)	-12(4)	0(4)	21(3)
F(4)	61(5)	96(7)	91(6)	-12(5)	-4(4)	-30(5)
F(1A)	76(6)	62(6)	149(10)	-39(6)	6(7)	8(5)
F(2A)	134(9)	157(10)	102(8)	18(7)	-22(7)	-20(8)
F(3A)	50(6)	73(6)	109(9)	-13(6)	24(6)	6(5)
F(4A)	53(7)	67(6)	69(7)	-4(5)	0(6)	3(5)

Table 5. Hydrogen coordinates (x 10^4) and isotropic displacement parameters (Å^2 x 10^3) for GLO7573.

	x	y	z	U(eq)
H(1)	6570(80)	2060(30)	7438(18)	68(14)
H(2A)	2233	3893	7211	61
H(2B)	4267	4558	7107	61
H(3A)	4906	4583	7980	64
H(3B)	2873	3917	8084	64
H(4)	3420	2859	6390	51
H(5A)	6872	1555	6562	79
H(5B)	5284	1474	6080	79
H(5C)	4537	1232	6670	79
H(6)	7728	2319	8345	72
H(7A)	6983	4303	8730	159
H(7B)	8672	4033	8291	159
H(7C)	8914	3616	8882	159
H(12)	8300	3721	6814	63
H(13)	10674	4705	6328	79
H(14)	10127	4996	5433	73
H(16)	7977	4812	4629	83
H(17)	5142	4170	4200	99
H(18)	2677	3229	4681	92
H(19)	3152	2907	5574	70
H(22A)	2904	2439	9355	158
H(22B)	2566	2913	8780	158
H(22C)	3875	3508	9215	158
H(23A)	6374	1878	9655	123
H(23B)	7659	2823	9449	123
H(23C)	8129	1730	9218	123
H(24A)	4147	893	8897	126
H(24B)	6299	946	8591	126
H(24C)	4249	1355	8314	126
H(22D)	3325	3067	9460	115
H(22E)	3333	3650	8907	115
H(22F)	5210	3785	9311	115
H(23D)	5260	1530	9591	161
H(23E)	7273	2218	9556	161
H(23F)	7141	1203	9220	161
H(24D)	2658	1494	9020	169
H(24E)	3759	1208	8474	169
H(24F)	2445	2219	8519	169

6.2 Abkürzungsverzeichnis

Ac = acetyl

Ad = adamantyl

Ar = aromatischer Rest

BAr$_F$ = Tetrakis(3,5-bis(trifluoromethyl)phenyl)borat

Boc = *tert*-butyloxycarbonyl

Bn = benzyl

Bz = benzoyl

cat. = katalytisch

COD = 1,5-Cyclooctadien

Cy = cyclohexyl

DCE = Dichlorethan

DCM = Dichlormethan

DME = Dimethoxyethan

DMSO = Dimethylsulfoxid

ee = Enenatiomerenüberschuss

ESI-MS = Elektrosprayionisations-massenspektrometrie

Et = ethyl

EtOAc = Ethylacetat

FC = Flash Chromatographie

FLP = frustriertes Lewis-Paar

GC-MS = Gaschromatographie-Massenspektrometrie

IAd = *N,N'*-Bis(adamantyl)imidazolium-2-yliden

ICy = *N,N'*-Bis(cyclohexyl)imidazolium-2-yliden

*i*Pr = *iso*-propyl

KHMDS = Kaliumhexamethyldisilazid

KO*t*Bu = Kalium-*tert*-butanolat

LG = Abgangsgruppe

Me = methyl

NHC = N-heterocyclisches Carben

NMR = Kernresonanzspektroskopie

o/n = über Nacht

OAc⁻ = Acetat

OTf⁻ = Trifluormethylsulfonat

PG = Schutzgruppe

Ph = phenyl

RT = Raumtemperatur

sat. = saturiert

SINpEt = *N,N'*-Bis(naphthylethyl)imidazolium-2-yliden

SIPr = *N,N'*-Bis(di*iso*-propylphenyl)imidazolium-2-yliden

*t*Bu = *tert*-butyl

TEP = Tolman's electronic parameter

TFA = Trifluoressigsäure

TFAA = Trifluoressigsäureanhydrid

THF = Tetrahydrofuran

Ts = tosyl

7 Literaturverzeichnis

[1]   D. Bourissou, O. Guerret, P. Gabbaï, G. Bertrand, *Chem. Rev.* **2000**, *100*, 39.

[2]   H. Tomioka, *Acc. Chem. Res.* **1997**, *4842*, 315.

[3]   R. Hoffmann, *Org. Biol. Chem.* **1967**, *6*, 1475.

[4]   D. Enders, O. Niemeier, A. Henseler, *Chem. Rev.* **2007**, *107*, 5606.

[5]   F. E. Hahn, M. C. Jahnke, *Angew. Chem. Int. Ed.* **2008**, *47*, 3122.

[6]   M. N. Hopkinson, C. Richter, M. Schedler, F. Glorius, *Nature* **2014**, *510*, 485.

[7]   J. F. Harrison, *J. Am. Chem. Soc.* **1971**, *2276*, 4112.

[8]   H. W. Wanzlick, E. Schikora, *Chem. Ber.* **1960**, 3451.

[9]   M. Kline, R. L. Harlow, A. J. Arduengo, *J. Am. Chem. Soc.* **1991**, 363.

[10] H. W. Wanzlick, H. J. Schönherr, *Chem. Ber.* **1968**, *336*, 6701.

[11] K. Öfele, *J. Organomet. Chem.* **1968**, *12*, 42.

[12] D. J. Cardin, B. Cetinkaya, M. F. Lappert, M. Sciences, J. Brighton, *Chem. Rev.* **1972**, *72*, 545.

[13] O. Back, M. Henry-Ellinger, C. D. Martin, D. Martin, G. Bertrand, *Angew. Chem. Int. Ed.* **2013**, *52*, 2939.

[14] M. Alcarazo, T. Stork, A. Anoop, W. Thiel, A. Fürstner, *Angew. Chem. Int. Ed.* **2010**, *49*, 2542.

[15] H. Jacobsen, A. Correa, C. Costabile, L. Cavallo, *J. Organomet. Chem.* **2006**, *691*, 4350.

[16] J. Huang, E. D. Stevens, S. P. Nolan, *Organometallics* **1999**, *11*, 2370.

[17] C. A. Tolman, *Chem. Rev.* **1976**, *77*, 1976.

[18] A. C. Hillier, W. J. Sommer, B. S. Yong, J. L. Petersen, L. Cavallo, S. P. Nolan, W. Virginia, D. Chimica, *Organometallics* **2003**, *31*, 4322.

[19] R. A. K. Iii, H. Clavier, S. Giudice, N. M. Scott, E. D. Stevens, J. Bordner, I. Samardjiev, C. D. Hoff, L. Cavallo, S. P. Nolan, **2008**, *11*, 202.

[20] T. Dröge, F. Glorius, *Angew. Chem. Int. Ed.* **2010**, *49*, 6940.

[21] Y. Zhang, V. César, G. Storch, N. Lugan, G. Lavigne, *Angew. Chem. Int. Ed.* **2014**, *53*, 6482.

[22] D. Enders, K. Breuer, G. Raabe, J. Runsink, J. H. Teles, J. Melder, K. Ebel, *Angew. Chem. Int. Ed. Engl.* **1995**, *34*, 1021.

[23] N. Kuhn, K. Thomas, *Synthesis* **1993**, 561.

[24] A. A. Danopoulos, A. A. D. Tulloch, S. Winston, M. B. Hursthouse, *Dalton Trans.* **2003**, 1009.

[25] W. A. Herrmann, L. J. Gooben, M. Spiegler, *J. Organomet. Chem.* **1997**, *547*, 357.

[26] T. Lv, Z. Wang, J. You, J. Lan, G. Gao, *J. Org. Chem.* **2013**, *78*, 5723.

[27] S. Li, F. Yang, T. Lv, J. Lan, G. Gao, J. You, *Chem. Commun.* **2014**, *50*, 3941.

[28] L. Benhamou, E. Chardon, G. Lavigne, S. Bellemin-Laponnaz, V. César, *Chem. Rev.* **2011**, *111*, 2705.

[29]	S. Saba, A. Brescia, M. K. Kaloustian, *Tetrahedron Lett.* **1991**, *380*, 5031.

[30]	G. Berthon-Gelloz, M. Siegler, A. L. Spek, B. Tinant, J. N. H. Reek, I. E. Markó, *Dalton Trans.* **2010**, *39*, 1444.

[31]	T. W. Funk, J. M. Berlin, R. H. Grubbs, *J. Am. Chem. Soc.* **2006**, *128*, 1840.

[32]	M. Iglesias, D. J. Beetstra, A. Stasch, P. N. Horton, M. B. Hursthouse, S. J. Coles, K. J. Cavell, A. Dervisi, I. Fallis, *Organometallics* **2007**, *26*, 4800.

[33]	P. V. G. Reddy, S. Tabassum, A. Blanrue, R. Wilhelm, *Chem. Commun.* **2009**, 5910.

[34]	C. C. Scarborough, B. V. Popp, I. a. Guzei, S. S. Stahl, *J. Organomet. Chem.* **2005**, *690*, 6143.

[35]	P. Bazinet, G. P. a Yap, D. S. Richeson, *J. Am. Chem. Soc.* **2003**, *125*, 13314.

[36]	D. M. Khramov, E. L. Rosen, V. M. Lynch, C. W. Bielawski, *Angew. Chem. Int. Ed. Engl.* **2008**, *47*, 2267.

[37]	U. Siemeling, C. Färber, C. Bruhn, *Chem. Commun.* **2009**, *1*, 98.

[38]	H. Sato, T. Fujihara, Y. Obora, M. Tokunaga, J. Kiyosu, Y. Tsuji, *Chem. Commun.* **2007**, 269.

[39]	B. Bildstein, M. Malaun, H. Kopacka, K. Wurst, K. Ongania, G. Opromolla, *Organometallics* **1999**, *6*, 4325.

[40]	G. Altenhoff, R. Goddard, C. W. Lehmann, F. Glorius, M. Chem, *J. Am. Chem. Soc.* **2004**, *12*, 15195.

[41]	G. Altenhoff, R. Goddard, C. W. Lehmann, F. Glorius, *Angew. Chem. Int. Ed.* **2003**, *42*, 3690.

[42]	A. J. Arduengo, *Preparation of 1,3-Disubstituted Imidazolium Salts*, **1991**, US5077414.

[43]	K. M. Kuhn, R. H. Grubbs, *Org. Lett.* **2008**, *10*, 5602.

[44]	A. Bertogg, F. Camponovo, A. Togni, *Eur. J. Inorg. Chem.* **2005**, *2005*, 347.

[45]	P. Queval, C. Jahier, M. Rouen, I. Artur, J.-C. Legeay, L. Falivene, L. Toupet, C. Crévisy, L. Cavallo, O. Baslé, et al., *Angew. Chem.* **2013**, *125*, 14353.

[46]	H.-Y. Jang, M. J. Krische, *Acc. Chem. Res.* **2004**, *37*, 653.

[47]	O. Loew, *Ber. Dtsch. Chem. Ges.* **1890**, 289.

[48]	V. Voorhees, R. Adams, *J. Am. Chem. Soc.* **1922**, *44*, *289*.

[49]	R. L. Augustine, *Heterogeneous Catalysis for the Synthetic Chemist*, **1996**.

[50]	J. G. de Vries, C. J. Elsevier, *The Handbook of Homogeneous Hydrogenation*, **2006**.

[51]	D. W. Stephan, G. Erker, *Angew. Chem. Int. Ed.* **2010**, *49*, 46.

[52]	J. Paradies, *Angew. Chem. Int. Ed.* **2014**, *53*, 3552.

[53]	G. D. Frey, V. Lavallo, B. Donnadieu, W. W. Schoeller, G. Bertrand, *Science* **2007**, *316*, 439.

[54]	I. Horiuti, M. Polanyi, *Trans. Faraday Soc.* **1934**, *30*, 1164.

[55]	R. E. Harmon, S. K. Gupta, J. Brown, *Chem. Rev.* **1972**, *94*, 7971.

[56]	J. Christian, W. Reeve, *J. Am. Chem. Soc.* **1956**, *78*, 10.

[57] W. H. Jones, W. F. Benning, P. Davis, D. M. Mulvey, P. I. Pollak, J. C. Schaeffer, R. Tull, L. M. Weinstock, *Ann. N. Y. Acad. Sci.* **1969**, *158*, 471.

[58] P. N. Rylander, D. R. Steele, E. Industries, *Tetrahedron Lett.* **1969**, *20*, 1579.

[59] R. Dittmeyer, W. Keim, G. Kreysa, A. Oberholz, *Chemische Technik: Prozesse und Produkte*, **2004**.

[60] T. J. Mooibroek, E. C. M. Wenker, W. Smit, I. Mutikainen, M. Lutz, E. Bouwman, *Inorg. Chem.* **2013**, *52*, 8190.

[61] G. Zhang, K. V Vasudevan, B. L. Scott, S. K. Hanson, *J. Am. Chem. Soc.* **2013**, *135*, 8668.

[62] Y. Li, S. Yu, X. Wu, J. Xiao, W. Shen, Z. Dong, J. Gao, *J. Am. Chem. Soc.* **2014**, *136*, 4031.

[63] D. Astruc, *Modern Arene Chemistry*, Wiley-VCH Verlag GmbH & Co. KGaA, **2004**.

[64] A. T. Balaban, D. C. Oniciu, A. R. Katritzky, *Chem. Rev.* **2004**, *104*, 2777.

[65] W. S. Knowles, *Angew. Chem. Int. Ed.* **2002**, *41*, 1999.

[66] R. Noyori, *Angew. Chem. Int. Ed.* **2002**, *41*, 2008.

[67] D.-S. Wang, Q.-A. Chen, S.-M. Lu, Y.-G. Zhou, *Chem. Rev.* **2012**, *112*, 2557.

[68] a R. Katritzky, K. Jug, D. C. Oniciu, *Chem. Rev.* **2001**, *101*, 1421.

[69] J. J. Verendel, O. Pàmies, M. Diéguez, P. G. Andersson, *Chem. Rev.* **2014**, *114*, 2130.

[70] J.-H. Xie, S.-F. Zhu, Q.-L. Zhou, *Chem. Rev.* **2011**, *111*, 1713.

[71] S. Murata, T. Sugimoto, S. Matsuura, *Heterocycles* **1987**, 763.

[72] T. Ohta, T. Miyake, N. Seido, H. Kumobayashi, H. Takaya, *J. Org. Chem.* **1995**, *60*, 357.

[73] R. Fuchs, *Verfahren Zur Herstellung von Optisch Aktiven 2-Piperazincarbonsäurederivaten*, **1997**, European Patent Application EP 0803502 (A2).

[74] C. Bianchini, P. Barbaro, G. Scapacci, E. Farnetti, M. Graziani, *Organometallics* **1998**, *7333*, 3308.

[75] W. Tang, X. Zhang, *Chem. Rev.* **2003**, *103*, 3029.

[76] M. Maris, W.-R. Huck, T. Mallat, A. Baiker, *J. Catal.* **2003**, *219*, 52.

[77] S. Raynor, J. M. Thomas, R. Raja, B. F. G. Johnson, R. G. Bell, M. D. Mantle, *Chem. Commun.* **2000**, *19*, 1925.

[78] M. Heitbaum, F. Glorius, I. Escher, *Angew. Chem. Int. Ed.* **2006**, *45*, 4732.

[79] S. Urban, B. Beiring, N. Ortega, D. Paul, F. Glorius, *J. Am. Chem. Soc.* **2012**, *134*, 15241.

[80] W.-X. Huang, C.-B. Yu, L. Shi, Y.-G. Zhou, *Org. Lett.* **2014**, *16*, 3324.

[81] D. Zhao, B. Beiring, F. Glorius, *Angew. Chem. Int. Ed.* **2013**, *52*, 8454.

[82] N. Ortega, D.-T. D. Tang, S. Urban, D. Zhao, F. Glorius, *Angew. Chem.* **2013**, *125*, 9678.

[83] R. Kuwano, R. Morioka, M. Kashiwabara, N. Kameyama, *Angew. Chem. Int. Ed.* **2012**, *51*, 4136.

[84] W.-B. Wang, S.-M. Lu, P.-Y. Yang, X.-W. Han, Y.-G. Zhou, *J. Am. Chem. Soc.* **2003**, *125*, 10536.

[85] Z.-S. Ye, R.-N. Guo, X.-F. Cai, M.-W. Chen, L. Shi, Y.-G. Zhou, *Angew. Chem.* **2013**, *125*, 3773.

[86] W.-J. Tang, J. Tan, L.-J. Xu, K.-H. Lam, Q.-H. Fan, A. S. C. Chan, *Adv. Synth. Catal.* **2010**, *352*, 1055.

[87] S.-M. Lu, Y.-Q. Wang, X.-W. Han, Y.-G. Zhou, *Angew. Chem. Int. Ed.* **2006**, *45*, 2260.

[88] A. Reissert, *Ber. Dtsch. Chem. Ges.* **1905**, *38*, 1603.

[89] A. Iimuro, K. Yamaji, S. Kandula, T. Nagano, Y. Kita, K. Mashima, *Angew. Chem. Int. Ed.* **2013**, *52*, 2046.

[90] L. Shi, Z.-S. Ye, L.-L. Cao, R.-N. Guo, Y. Hu, Y.-G. Zhou, *Angew. Chem. Int. Ed.* **2012**, *51*, 8286.

[91] W. Tang, L. Xu, Q.-H. Fan, J. Wang, B. Fan, Z. Zhou, K.-H. Lam, A. S. C. Chan, *Angew. Chem. Int. Ed.* **2009**, *48*, 9135.

[92] X.-B. Wang, W. Zeng, Y.-G. Zhou, *Tetrahedron Lett.* **2008**, *49*, 4922.

[93] Z.-S. Ye, M.-W. Chen, Q.-A. Chen, L. Shi, Y. Duan, Y.-G. Zhou, *Angew. Chem. Int. Ed.* **2012**, *51*, 10181.

[94] D. H. Woodmansee, A. Pfaltz, *Chem. Commun.* **2011**, *47*, 7912.

[95] S.-M. Lu, X.-W. Han, Y.-G. Zhou, *Adv. Synth. Catal.* **2004**, *346*, 909.

[96] C. Y. Legault, A. B. Charette, *J. Am. Chem. Soc.* **2005**, *127*, 8966.

[97] A. Baeza, A. Pfaltz, *Chem. Eur. J.* **2010**, *16*, 2036.

[98] S. Kaiser, S. P. Smidt, A. Pfaltz, *Angew. Chem. Int. Ed.* **2006**, *45*, 5194.

[99] R. Kuwano, K. Sato, T. Kurokawa, R. V April, *J. Am. Chem. Soc.* **2000**, *122*, 7614.

[100] R. Kuwano, M. Kashiwabara, *Org. Lett.* **2006**, *8*, 2653.

[101] R. Kuwano, M. Kashiwabara, M. Ohsumi, H. Kusano, *J. Am. Chem. Soc.* **2008**, *130*, 808.

[102] R. Kuwano, N. Kameyama, R. Ikeda, *J. Am. Chem. Soc.* **2011**, *133*, 7312.

[103] R. Kuwano, R. Morioka, M. Kashiwabara, N. Kameyama, *Angew. Chem. Int. Ed.* **2012**, *51*, 4136.

[104] S. Urban, N. Ortega, F. Glorius, *Angew. Chem. Int. Ed.* **2011**, *50*, 3803.

[105] N. Ortega, S. Urban, B. Beiring, F. Glorius, *Angew. Chem. Int. Ed.* **2012**, *51*, 1710.

[106] J. Wysocki, N. Ortega, F. Glorius, *Angew. Chem. Int. Ed.* **2014**, *53*, 8751.

[107] A. Paczal, A. C. Bényei, A. Kotschy, *J. Org. Chem.* **2006**, *71*, 5969.

[108] H. D. Flack, *Acta Crystallogr.* **1983**, *39*, 876.

[109] A. Fürstner, M. Alcarazo, V. César, C. W. Lehmann, *Chem. Commun.* **2006**, 2176.

[110] B. B. Prasad, S. R. Gilbertson, *Org. Lett.* **2009**, *11*, 3710.

[111] K. Endo, R. H. Grubbs, *J. Am. Chem. Soc.* **2011**, *133*, 8525.

[112] P. M. Dewick, *Medicinal Natural Products, A Biosynthetic Approach*, Wiley, **2002**.

[113] D. a Horton, G. T. Bourne, M. L. Smythe, *Chem. Rev.* **2003**, *103*, 893.

[114] A. Todorovic, C. Haskell-Luevano, *Peptides* **2005**, *26*, 2026.

[115] A. Viso, R. Fernández de la Pradilla, A. Flores, A. García, M. Tortosa, M. L. López-Rodríguez, *J. Org. Chem.* **2006**, *71*, 1442.

[116] P. Maity, B. König, *Org. Lett.* **2008**, *10*, 2006.

[117] S. K. Manna, G. Panda, *RSC Adv.* **2013**, *3*, 18332.

[118] K. Samanta, G. Panda, *Chem. Asian J.* **2011**, *6*, 189.

[119] Y. Hayashi, T. Urushima, D. Sakamoto, K. Torii, H. Ishikawa, *Chemistry* **2011**, *17*, 11715.

[120] J. Cockrell, C. Wilhelmsen, H. Rubin, A. Martin, J. B. Morgan, *Angew. Chem. Int. Ed.* **2012**, *51*, 9842.

[121] N. I. Nikishkin, J. Huskens, W. Verboom, *Org. Biomol. Chem.* **2013**, *11*, 3583.

[122] A. L. Watkins, B. G. Hashiguchi, C. R. Landis, *Org. Lett.* **2008**, *10*, 4553.

[123] A. L. Watkins, C. R. Landis, *J. Am. Chem. Soc.* **2010**, *132*, 10306.

[124] C. R. Landis, J. Halpern, *J. Am. Chem. Soc.* **1987**, *5*, 1746.

[125] Y. Sun, R. N. Landau, J. Wang, C. Leblond, D. G. Blackmond, *J. Am. Chem. Soc.* **2000**, 1348.

[126] D. D. P. W. L. F. Amarego, *Purification of Laboratory Chemicals*, **2000**.

[127] B. Miriyala, J. S. Williamson, *Tetrahedron* **2004**, *60*, 1463.

[128] A. Fürstner, M. Alcarazo, V. César, C. W. Lehmann, *Chem. Commun.* **2006**, 2176.

[129] J. Wen, R. Zhang, S. Chen, J. Zhang, X. Yu, *J. Org. Chem.* **2012**, *77*, 766.

[130] C. Liu, N. Han, X. Song, J. Qiu, *Eur. J. Org. Chem.* **2010**, *1*, 5548.